KLARTEXT

Bildnachweis:

Adobe Stock: © Arthur: S. 35, © Awamira: S. 104, © Butch: S. 65, © contrastwerkstatt: S. 23, © CYB3RUSS: S. 73, © daphot75: S. 32 u., © dbo: S. 32 o., © EdNurg: S. 87, © fishcat007: S. 33 u., © Image'in: S. 77, © littlewolf1989: S. 14, © Lukas: S. 33 o., © MICHAEL ZECH: S. 109, © reisezielinfo: S. 43, © Sina Ettmer: S. 88, © Svfotoroom: S. 115, © Syntetic Dreams: S. 52, © Tanja Esser: S. 21, © tilialucida: S. 63, © VRD: S. 67; IMAGO/allOver: S. 6/7, IMAGO/blickwinkel: S. 105, IMAGO/dieBildmanufaktur: S. 113, IMAGO/Future Image: S. 25, IMAGO/imagebroker: S. 57, IMAGO/Jochen Tack: S. 79, IMAGO/nordpool/Tumm: S. 101, IMAGO/NurPhoto: S. 80, IMAGO/Panthermedia: S. 97, 107, 111, IMAGO/Peter Widmann: S. 4/5, IMAGO/photothek: S. 28, IMAGO/Ralph Peters: S. 103, IMAGO/Steinach: S. 27, 30, IMAGO/Westend61: S. 95; picture alliance/abaca/Aventurier Patrick/ABACA: S. 47, picture alliance/Andreas Franke: S. 15, picture alliance/ANP/Sander Koning: S. 71, picture alliance/ASSOCIATED PRESS/James Brooks: S. 99, picture alliance/DN/Mickan Palmqvist/DN/TT: S. 61, picture alliance/Jochen Tack: S. 38/39, picture alliance/ullstein bild/RDB: S. 69, picture alliance/Ulrich Baumgarten: S. 48, picture alliance/WILDLIFE/J.Kobel: S. 16, picture-alliance/Leemage: S. 58

Bibliografische Information der Deutschen Nationalbibliothek
Die Deutsche Nationalbibliothek verzeichnet diese Publikation in der Deutschen Nationalbibliografie; detaillierte bibliografische Daten sind im Internet über portal.dnb.de abrufbar.

Impressum

1. Auflage Oktober 2023
Layout und Satz: Guido Klütsch
Lektorat: Kerstin Goldbach
Autorenfoto Umschlagklappe: Eugen Wagner
Umschlagabbildungen:Adobe Stock: © Mira (Eisbär), © akr11_st (Windrad), © marketlan (Thermometer), © soonthorn (Solarpanels), © beermedia (Erdkugel)
Druck & Bindung: Linsen Druckcenter GmbH, Siemensstraße 12-14, 47533 Kleve

ISBN 978-3-8375-2591-5

Jakob Funke Medien Beteiligungs GmbH & Co. KG
Jakob-Funke-Platz 1, 45127 Essen
info.klartext@funkemedien.de
www.klartext-verlag.de

Kathrin Burger

Klima

**Populäre Irrtümer
und andere Wahrheiten**

Inhalt

6 Zum Geleit
8 Auf großem Fuß
10 Zahlen & Fakten
12 Klimawandel verstehen
17 Die Kleine Eiszeit
18 Wenn Systeme kippen
19 Klima-Szenario
24 Die Flut
26 Was kann die Politik tun?
31 Negativemissionen
32 Wer kommt durch?
34 Alleingang
36 Hoffnungsschimmer
37 Früher Feuer, heute Wind
40 Der Wind, der Wind, das himmlische Kind
42 Der Wind und der Infraschall
44 Kraftvolle Strahlen
46 Die Sache mit dem Atom
48 Natürliches Potenzial
50 Wunderbare Welt der Bastler und Tüftler
52 Bewegte Arbeitswelt
54 Echte Anstrengung oder Greenwashing?
58 Klima. Eine Zeitreise
62 Alternative Lebensmittel
64 Die Nettonull und die Kosten
66 Klassenletzter
68 Nur elektrisch geht's!
70 Warmes Heim, Glück allein?
72 Sorge um das liebe Vieh
76 Vegan für alle
78 Apfelplantage unter Solaranlagen
80 Gut gewappnet!
82 Der CO2-Fußabdruck
84 So sieht grünes Wohnen aus
86 Mit dem Fahrrad am Stau vorbei
88 Skibegeisterte Klimasünder?
90 Ein Hoch auf den Sonntagsbraten!
94 Zero Waste
96 Ist Bio die Lösung?
98 Shopping top, Klima flop!
102 Online geht`s auch
104 Grüner Haushalt, weiße Wäsche
105 Blumen lieber slow
106 Tierfutter? Katzenjammer
107 Gebärstreik als Klimaschutz?
108 Streaming versus DVD
110 (K)Eine Utopie
112 Jung und Alt
114 Wie wird Wissen zum Handeln?
116 Das Quiz für Klima-Experten
120 Zitate

Zum Geleit

Hitzesommer, Starkregen, Überschwemmungen, Gletscherschmelze in den Alpen – der Klimawandel ist schon heute bei uns in Europa spürbar. Es geht also nicht nur um das Schicksal der Eisbären, sondern auch darum, wie wir in Zukunft leben werden, wenn wir über den Klimawandel und Maßnahmen dagegen diskutieren. 86 Prozent, also fast neun von zehn Bundesbürgerinnen und Bundesbürgern, halten einen gesellschaftlichen Wandel für notwendig, um die Klimakatastrophe abzuwenden. Das ist eines der Ergebnisse der aktuellen Naturbewusstseinsstudie, die das Bundesamt für Naturschutz alle zwei Jahre durchführt. Es stimmt also nicht, dass möglicherweise unangenehme Klimapolitik von den Wählenden auf jeden Fall abgestraft wird, wie das häufig suggeriert wird. Vor allem Lobbyistinnen und Lobbyisten in der

Wirtschaft und einige Politikerinnen und Politiker bringen solche Argumente ins Feld, um ihre eigenen Interessen durchzuboxen. Fakt ist: Es ist fünf vor zwölf! Wir wollen in diesem Buch jenseits von Moralpredigten und Klimahysterie zeigen, dass das Problem zwar groß, aber eben in kleinere Probleme zerlegbar ist, die man auch schrittweise lösen kann. Dabei ist vor allem die Politik gefragt. Aber auch wir alle können im privaten Bereich unseren Teil beisteuern: ob mit einem Engagement bei einer Klimaschutzorganisation oder einer Partei, ob beim Austausch des Heizkessels, beim Wechsel zu Ökostrom, mit einer nachhaltigeren Form des Reisens und der Ernährung. Es gibt viele Möglichkeiten, aktiv zu werden. Dieses Buch liefert neben Zahlen und Hintergründen viele Alltagstipps. Denn es ist noch nicht zu spät!

Auf großem Fuß

Kohle, Auto oder Gasheizung – die meisten Menschen wissen, dass hier viele Klimagase emittiert werden. Doch wo entstehen in Deutschland eigentlich die meisten Emissionen? Insgesamt wird der Treibhausgasausstoß im Jahr 2022 laut Umweltbundesamt auf etwa 746 Millionen Tonnen beziffert. Fast 90 Prozent davon entfielen dabei auf Kohlendioxid (CO2). Besonders die Energiewirtschaft, also die Bereitstellung von Strom und Wärmeenergie, hat einen großen CO2-Fußabdruck. Aber auch in Industrie und Verkehr entstehen erhebliche Mengen an Klimagasen. Für die einzelnen Sektoren sind jeweils konkrete Minderungsziele im Klimaschutzgesetz festgelegt.

Energiewirtschaft

Der Löwenanteil der gesamtdeutschen CO2-Emissionen stammt mit **34 Prozent** aus der Energiewirtschaft. Obwohl erneuerbare Energien wie Solarenergie, Windkraft oder Biogas in den vergangenen Jahren ausgebaut wurden, wird immer noch ein Großteil an Kohle oder Gas verstromt.

Industrie

Rund ein Fünftel, **22 Prozent**, der Klimaemissionen stammen aus der Industrie durch Strom- und Wärmeverbrauch. In diesem Sektor werden die Treibhausgase aus der Metall-, Chemie- oder Baustoffindustrie erfasst. Auch die verarbeitende Industrie, also Automobil-, Lebensmittelhersteller, Pharmakonzerne, Anlagenbauer, Medizintechnik-Unternehmen etc., gehört zu diesem Sektor.

Verkehr

Mit **20 Prozent** trägt der Verkehr zum CO2-Ausstoß bei. Vor allem das Auto hat einen Anteil von 64 Prozent an den Straßenverkehrsemissionen. 27 Prozent der Emissionen im Straßenverkehr entstehen durch Lkw und Busse. Insgesamt macht der Straßenverkehr mehr als 70 Prozent der Verkehrsemissionen aus. Je rund 15 Prozent an den gesamten Verkehrsemissionen fallen bei Flügen und Schiffen an, weniger als 1 Prozent bei der Bahn.

Gebäude

Der Strom- und Warmwasserverbrauch sowie das Heizen in Gebäuden sind für rund **15 Prozent** des Gesamtausstoßes verantwortlich.

Landwirtschaft

Die CO2-Emissionen aus landwirtschaftlichen Betrieben in Deutschland werden mit rund **8 Prozent** beziffert. Ursache hierfür sind vor allem Methan- sowie Lachgasemissionen aus den Viehhaltungsbetrieben. Die Emissionen, die für den Futter- oder Palmölanbau in Übersee entstehen, sind hier nicht eingerechnet.

Abfallwirtschaft

Die CO2-Emissionen aus der Abfallwirtschaft machen weniger als **1 Prozent** aus. Diese entstehen in Mülldeponien oder bei der Abwasserbehandlung in Kläranlagen.

Zahlen & Fakten

Die mittlere **globale Oberflächentemperatur** stieg im Zeitraum von 1880 bis 2020 um mehr als **1,2 Grad Celsius**.

Kohlendioxid macht derzeit etwa 0,042 Prozent in der Atmosphäre aus, was **420 Parts per Million** (ppm) entspricht. Im vorindustriellen Zeitalter waren es nur 280 ppm.

In Deutschland werden momentan rund **746 Millionen Tonnen Klimagase** emittiert, weltweit sind es **37.000 Millionen Tonnen**.

Die Energiewirtschaft emittiert mit **einem Drittel** am Gesamt-C02-Ausstoß einen Löwenanteil an klimaschädlichen Gasen.

In den vergangenen 30 Jahren gingen in Grönland und der Antarktis durch den Klimawandel rund **7560 Milliarden Tonnen Eis** verloren. Dabei hat sich die jährliche Eisschmelze von 1990 bis heute verfünffacht.

Das **Volumen der Schweizer Gletscher** hat sich zwischen 1931 und 2016 **halbiert**.

Im 20. Jahrhundert ist der **Meeresspiegel** im Durchschnitt um etwa **20 Zentimeter** angestiegen.

2021 waren rund **23,7 Millionen Menschen** gezwungen, ihre Heimat aufgrund von Dauerregen, Dürren, Hitzewellen und Stürmen sowohl kurz- als auch langfristig zu verlassen.

Es wird mit einem Anstieg an hitzebedingten **Sterblichkeitsraten** in Deutschland von **1 bis 6 Prozent pro Grad Celsius** gerechnet.

Durch die Wiederherstellung von Feuchtgebieten und Mooren, Anpflanzung neuer Wälder und Stopp der Abholzung werden derzeit **5 Prozent** der weltweiten **Treibhausgasemissionen** unschädlich gemacht.

Im Vergleich zu 1990 wurden **Treibhausgasemissionen** in Deutschland um rund **40 Prozent** gesenkt.

Das Klimaschutzgesetz legt fest, dass Deutschland bis 2030 **65 Prozent** und bis 2040 **88 Prozent** der **CO2-Emissionen** im Vergleich zu 1990 einspart. 2045 sollte Deutschland dann „klimaneutral“ sein.

2022 stammte knapp **die Hälfte** des in Deutschland verbrauchten Stroms aus **erneuerbaren Energien**. Erdgas liefert rund die Hälfte der in Deutschland benötigten Wärmeenergie. Der Anteil erneuerbarer Energien am Wärmemarkt macht dagegen nur rund **17 Prozent** aus.

Um Klimaneutralität zu erreichen, müssten pro Tag unter anderem **4 bis 5 neue Windräder** gebaut werden. Zurzeit sind es rund 1,5 Räder.

Derzeit sind rund **48,5 Millionen Pkw** in Deutschland zugelassen, nur rund **2 Prozent** davon sind Elektroautos.

Ein Deutscher oder eine Deutsche emittiert im Schnitt **11 Tonnen Treibhausgase** pro Jahr. Davon gehen rund **30 Prozent** der Emissionen auf den „sonstigen Konsum“ zurück, also auf Kleider, Möbel, Smartphones, Putzmittel etc. **25 Prozent** der Klimagase stammen aus dem Bereich Heizung, Warmwasser und Strom, **20 Prozent** aus Mobilität. Die Ernährung macht rund **16 Prozent** aus und **8 Prozent** die öffentliche Infrastruktur im Allgemeinen.

Klimawandel verstehen

Kohlendioxid ist ein natürliches Gas, es befindet sich im Kreislauf zwischen Erde und Atmosphäre. Der Mensch pumpt jedoch durch seinen Lebenswandel zusätzliches Kohlendioxid in die Luft, weswegen wir vor einer Krise von bislang unbekanntem Ausmaß stehen. Auch der Ausstoß anderer Gase wie Methan oder Lachgas ist seit der industriellen Revolution gestiegen. Das Zuviel an Treibhausgasen führt nun dazu, dass sich die Erde immer weiter aufheizt – bislang ungebremst.

Kohlendioxid (CO2) – das Hartnäckige

Das geruchlose Gas Kohlendioxid ist Teil natürlicher Prozesse. Es entweicht etwa bei der Atmung zahlreicher Lebewesen, aber auch bei Waldbränden, wenn Holz verrottet oder Vulkane aktiv sind. Einmal in der Luft, baut es sich jedoch nur über Zeiträume von Jahrhunderten von selbst ab. Es wird bis zu einem gewissen Grad durch natürliche Vorgänge wie die Fotosynthese umgewandelt oder in Gewässern gebunden und so im Kreislauf gehalten, der CO2-Gehalt in der Atmosphäre bleibt dadurch in etwa konstant.

Allerdings wird auch bei der Verbrennung von Öl, Gas, Kohle sowie Benzin und Diesel, kurz: bei der Energiegewinnung aus fossilen Treibstoffen, Kohlendioxid gebildet. Zudem werden durch die Rodung von Regenwäldern CO2-Speicher zerstört. Und durch diese menschengemachten Emissionen steigt der CO2-Ausstoß in der Atmosphäre seit dem Beginn der Industrialisierung im 19. Jahrhundert gefährlich von 280 auf 420 Parts per Million (ppm) an. Vor allem durch die weltweite Verbreitung des westlich geprägten Lebensstils und dem damit verbundenen erhöhten Energieverbrauchs nach dem Zweiten Weltkrieg sind diese Werte gestiegen, wie kontinuierliche CO2-Messungen ergeben.

Methan (CH_4) – das Kurzlebige

Methan heizt ebenso wie Kohlendioxid das Weltklima auf. Das Gas ist jedoch 25-mal klimaschädlicher als Kohlendioxid. Methan entsteht vor allem dort, wo Mikroben am Werk sind und unter Sauerstoffabschluss kompliziert aufgebaute Biomoleküle abbauen – etwa im Verdauungstrakt von Kühen (Kuh-Rülpser), auf Reisfeldern, in Kläranlagen sowie in Mülldeponien. Der Hauptteil der Methanemissionen stammt aus der Landwirtschaft. Aber auch bei der Kohleförderung sowie Erdgasgewinnung entsteht das Treibhausgas. Der CH_4-Anteil der weltweiten Emissionen macht momentan rund 16 Prozent aus. Natürlicherweise entweicht Methan auch aus Sümpfen, Moorgebieten oder aus Wäldern in die Atmosphäre.

Lachgas (N_2O) – das Superschädliche

Das süßlich riechende Lachgas –umgangssprachlich für Distickstoffmonoxid– stammt vor allem aus stickstoffhaltigem Dünger sowie aus der Tierhaltung, also auch aus der Landwirtschaft. Es ist 298-mal so schädlich wie Kohlendioxid. Der N_2O-Anteil der weltweiten Emissionen macht rund 7 Prozent aus. Auch hier gibt es natürliche Quellen: Bakterien, die in Böden und Gewässern siedeln, setzen Lachgas frei.

Fluorierte Gase – die Künstlichen

Fluorierte Gase (F-Gase) kommen in der Natur gar nicht vor. Sie werden chemisch hergestellt, etwa um Kühlanlagen oder Löschmittel zu produzieren. Auch Schallschutzscheiben enthalten F-Gase. Ihre Effekte auf das Klima sind 100- bis 24.000-mal stärker als durch Kohlendioxid. Deswegen gibt es zahlreiche internationale Regelungen, die den Einsatz dieser Gase, wie etwa FCKW (Fluorchlorkohlenwasserstoff), bis dato verringert haben. Der F-Gas-Anteil der weltweiten Emissionen macht rund 11 Prozent aus.

CO_2-Äquivalente – der kleinste gemeinsame Nenner

Um alle Treibhausgase vergleichbar zu machen, werden Methan, Lachgas und fluorierte Gase in CO_2-Äquivalente umgerechnet. Eine Tonne Lachgas wäre also das Äquivalent von 298 Tonnen Kohlendioxid, eine Tonne Methan entspräche 25 Tonnen Kohlendioxid.

Bei der Tierhaltung werden Methan und Lachgas freigesetzt.

Erderwärmung – Krise von geschichtlichem Ausmaß

Es ist in der Wissenschaft unumstritten, dass die steigenden Emissionen zum Großteil durch unseren Lebensstil verursacht werden und nicht aus Prozessen. Man spricht darum auch vom „anthropogenen" Klimawandel. Denn das zusätzlich zu den natürlichen Vorgängen entstehende Kohlendioxid reichert sich in der Atmosphäre an. Kohlendioxid hat eine sehr lange Lebensdauer, wird also nicht einfach abgebaut. Der CO_2-Anteil der weltweiten Treibhausgasemissionen macht rund zwei Drittel aus.

Klimaschädliches Kohlendioxid entsteht insbesondere bei der Verbrennung fossiler Brennstoffe.

Gemeinsam mit anderen Treibhausgasen wie Methan, Lachgas und fluorierte Gase führt es dazu, dass sich die Erde erwärmt. Denn die Gase lassen zwar einen Teil der Sonnenstrahlung durch, womit sich Luft, Böden und Gewässer erwärmen. Je mehr Klimagase sich jedoch in der Atmosphäre befinden, desto schlechter kann die Energie wieder zurück ins Weltall ausgestrahlt werden – es kommt zu einem weltweiten Temperaturanstieg. Laut Umweltbundesamt ist die Quecksilbersäule im Zeitraum von 1880 bis 2012 weltweit um etwa 0,85 Grad Celsius nach oben geklettert, bis zum Jahr 2022 beschleunigte sich der Anstieg auf 1,2 Grad. Diese Vorgänge haben ein erdgeschichtliches Ausmaß in Raum und Zeit und kommen in einer rasanten Geschwindigkeit auf uns zu. Die Reduzierung der Erderwärmung ist darum buchstäblich eine Menschheitsaufgabe.

Weltklimarat (IPCC)

IPCC steht für „Intergovernmental Panel on Climate Change“. Dieser „Weltklimarat“ steht unter der Schirmherrschaft der Vereinten Nationen. Das Gremium besteht aus Forschenden verschiedener Staaten, die alle 6 bis 8 Jahre prägnante Ergebnisse der Klimaforschung in einem Bericht zusammenfassen. Auch die möglichen Folgen für Umwelt und Gesellschaft werden in verschiedenen Zukunftsszenarien dargelegt.

Der menschengemachte Klimawandel macht Waldbrände wahrscheinlicher.

Die Kleine Eiszeit

Am 2. Januar 1565 schob sich ein riesiger Eisberg vom Meer in den Hafen von Rotterdam. Dies war eines von mehreren Naturereignissen, die die europäische Kultur völlig auf den Kopf stellen sollten. Denn plötzlich waren Mittelmeerhäfen bis in den Mai zugefroren, die Sommer kühl, die Winter bitterkalt – die „Kleine Eiszeit“ wurde diese Phase genannt, die etwa vom 15. Jahrhundert bis zur Mitte des 19. Jahrhunderts andauerte. Es folgten Hungersnöte, Epidemien und Volksaufstände. Um die Ernteausfälle auszugleichen, wurde stärker Handel getrieben, eine erste „Globalisierung“ fand statt.

Auch kulturell beschleunigte das Klimaereignis, das die mittelalterliche Warmzeit ablöste, Umbrüche in Landwirtschaft, Wirtschaft, Politik, Wissenschaft und Philosophie.

Bis heute ist die Ursache dieser plötzlichen klimatischen Veränderung ungeklärt. Tatsächlich könnte auch hier der Mensch seine Finger im Spiel gehabt haben. Eine Theorie lautet: Durch die Entdeckung Amerikas kam es zu großen Epidemien unter den amerikanischen Ureinwohnern und einem Rückgang der Bevölkerung um 95 Prozent. Und in Europa wütete die Pest. Sie raffte im 14. Jahrhundert ein Drittel der Bevölkerung dahin. In der Folge gab es weniger Brandrodungen, und auf offen gelassenen landwirtschaftlichen Flächen wuchsen wieder Wälder, die Kohlendioxid aufnahmen. Damit verringerte sich der Gehalt an Kohlendioxid in der Atmosphäre. Es gibt jedoch auch noch zahlreiche andere Erklärungen, die natürliche Ursachen vermuten wie vermehrte Vulkanausbrüche. Sicher ist, dass das Wetter plötzlich Gegenstand der Empirie wurde. Gelehrte führten von nun an Wettertagebücher, in denen sie alles an Daten und Fakten festhielten, was sie finden konnten.

Wenn Systeme kippen

Klimaprognosen basieren vor allem auf wissenschaftlichen Modellrechnungen, die immer besser voraussagen, was alles folgen könnte. Problematisch, weil fast unberechenbar, sind jedoch sogenannte Klima-Kippelemente. Das sind wichtige Bestandteile des Erdsystems, die ein „Schwellenverhalten" aufweisen. Das heißt, sie bleiben bei steigender globaler Erwärmung zunächst stabil. Ab einer bestimmten Temperatur können sie dann durch kleine zusätzliche Störungen in einen völlig neuen Zustand versetzt werden, der nicht rückgängig gemacht werden kann: sie „kippen". Grund für diesen Vorgang sind sich selbst verstärkende Prozesse, die am Anfang langsam ablaufen und dann immer schneller werden. Zu den Kippelementen zählen unter anderem die Eisschilde an den Polkappen sowie in Grönland, die asiatischen Permafrostböden sowie Luft- und Meeresströmungen. Ein vollständiger Verlust des Eisschilds in Grönland, wie er wahrscheinlich bei einer 1,5- bis 3-Grad–Erwärmung stattfinden würde, würde zu einem weltweiten Meeresspiegelanstieg von bis zu 7 Metern führen. Auch andere Kippelemente, insbesondere die sogenannte „Atlantische Umwälzzirkulation", wären dadurch beeinflusst. In der Folge könnte sich der nordatlantische Raum abkühlen. Es gibt auch lokal begrenzte Kippelemente. Neuere Forschung zu Kipppunkten legt leider nahe, dass schon bei 1,5 Grad-Erwärmung einige Systeme kollabieren. Dennoch: Schafft es die Menschheit, den Temperaturanstieg bei 1,5 oder 2 Grad zu deckeln, sinkt die Wahrscheinlichkeit für solche Kettenreaktionen deutlich.

Klima-Szenario

Nicht nur die Polkappen und die Gletscher schmelzen durch steigende Temperaturen, auch extreme Wetterphänomene wie Stürme, Hochwasser oder Dürre-Sommer sind heute schon spürbar und werden in Zukunft immer häufiger vorkommen. Kippelemente könnten die Vorgänge nochmals beschleunigen. Durch den Klimawandel drohen Ernteausfälle, Mangelernährung und ein immenses Artensterben. Auch die Gesundheit der Menschen leidet. Dabei kommt es erheblich darauf an, wie stark die Temperaturen ansteigen, welche Maßnahmen wir also heute ergreifen.

Anstieg des Meeresspiegels

Steigt die Temperatur kontinuierlich, schmelzen Eismassen an den Polkappen und in Grönland. Allerdings lassen nur die abschmelzenden Eisschilde der Antarktis und der Grönland-Gletscher den Meeresspiegel anschwellen, da das nördliche Arktis-Eis schwimmendes Eis ist und damit nicht den Wasserstand erhöht. Denn: Das Schmelzwasser dort nimmt nur den Raum ein, den es vorher als Eis ausfüllte. Die Gletscherschmelze wie sie zum Beispiel in den Alpen zu beobachten ist, führt wiederum zu steigenden Meerespegeln, da Wasser aus den Bergen über Flüsse ins Meer gelangt. Etwa 17 Prozent des Volumens der rund 5000 Jahre alten Alpengletscher sind von 2000 bis 2014 verloren gegangen. Bis 2100 könnten sie vollständig abgetaut sein. Ein weiteres Problem: Gletscher bilden ein Süßwasserreservoir und versorgen rund ein Drittel der globalen Bevölkerung mit Wasser. Versiegen die Gletscher, versiegt auch eine mögliche Nutzung etwa zur Bewässerung von Feldern oder zur Trinkwasserversorgung.

Neben der Eisschmelze kommt es zu einem zusätzlichen Anstieg der Meerespegel, da sich immer wärmer werdende Ozeane thermisch ausdehnen.

Heute liegen die Meeresspiegel weltweit rund 23 Zentimeter höher als 1900. Bis 2100 könnte der Wasserstand um 1,80 Meter angestiegen sein. Dies setzt nun allen Küstengebieten und auch Inseln zu. 22 der 50 größten Städte der Welt, etwa Mumbai, New York oder Tokio liegen an der Küste und wären von Überschwemmungen betroffen. Bei stark steigenden Pegeln würden ganz Städte verschwinden, wie etwa Amsterdam oder Hamburg, und eine riesige Flüchtlingsbewegung von der Küste ins Inland stattfinden.

Ozeanversauerung

Das Meer wird nicht nur wärmer, der pH-Wert verändert sich auch durch den Klimawandel. Denn Ozeane nehmen riesige Mengen Kohlendioxid aus der Atmosphäre auf. Und je mehr Kohlendioxid in der Luft enthalten ist, desto mehr wird auch in den Weltmeeren gelöst. Dadurch sinkt jedoch der pH-Wert im Wasser, weil Kohlendioxid dort über verschiedene chemische Prozesse zu Kohlensäure abgebaut wird. Das Meer wird also angesäuert. So ist der pH-Wert der Ozeane in den letzten 200 Jahren von im Schnitt 8,2 auf 8,1 gesunken. Das ist zwar immer noch ein basischer Bereich, dennoch ist das Wasser saurer als vorher. Die pH-Wert-Senkung von 0,1 klingt undramatisch, aber für viele Meerestiere wie Muscheln, Krebse, Korallen oder Seeigel kann die Ozeanversauerung zum Problem werden. Denn: Schwimmt mehr Säure in den Meeren, wird diese auch vermehrt von basischen Karbonat-Ionen neutralisiert. Das heißt, es ist weniger Karbonat verfügbar. Da Muscheln & Co. Karbonat jedoch für die Bildung ihrer Kalkpanzer brauchen, wären sie durch die Versauerung bedroht, die Kalkschalen würden sich auflösen. Besonders gefährdet sind die kalkbildenden Meerestiere im Arktischen und im Südlichen Ozean.

Wetterextreme

Durch die globale Erderwärmung werden auch Wetterextreme wie Dürre, Starkregenereignisse, Stürme oder auch Kältewellen

Zunehmende Dürre belastet die Landwirtschaft.

immer häufiger. Hitze führt schon heute zu Wasserknappheit, Ernteausfällen und Hungersnöten vor allem in Ländern südlich der Sahara. Von Hitze und Dürre sind in Europa insbesondere die Mittelmeerstaaten betroffen. Das macht Waldbrände wahrscheinlicher, verstärkt die Erosion in Böden und schädigt Flora und Fauna. Zwar wird es auch im Winter in Deutschland immer wärmer, die durchschnittlichen Temperaturen steigen. Gleichzeitig können in Zukunft auch Kältewellen häufiger werden. Denn: Wird der Polarwirbel, der sich normalerweise um die Arktis in der Stratosphäre dreht und die Kälte einschließt, durch die Erderwärmung instabil, können Kältewellen ganz Europa erfassen.

Auf der anderen Seite kommt es häufiger zu Starkregenereignissen, Gewitter, Hagel und Stürmen. Denn die globale Erwärmung erhöht die Wasserverdunstung in den Ozeanen. Mehr Wasserdampf in der Atmosphäre bedeutet mehr Energie, was zu Extremwetter und damit zu Hochwasser und Überschwemmungen führt. So werden Häuser, Straßen, Bahngleise oder Stromleitungen beschädigt. Steigende Temperaturen lassen auch Permafrostböden, die Teile Sibiriens und Kanadas bedecken, auftauen. Dies führt zu großen Mengen an Kohlendioxid und Methan, die aus den Böden in die Atmosphäre entweichen.

Artensterben

Ausgelöst durch die Verschiebung von Klimazonen oder veränderte Ökosysteme wird Artenvielfalt verloren gehen. Steigende Temperaturen führen zum Beispiel zu längeren Wärme- und kürzeren Kälteperioden. Bereits heute beginnt in Deutschland der Frühling zwei Wochen früher als vor 10 Jahren. Zudem vertreiben Dürre und Waldbrände Tier- und Pflanzenarten aus ihren Lebensräumen. Vor allem Insekten, aber auch Wirbeltiere und Pflanzen wären betroffen. So sind zum Beispiel laut der Prognose eines internationalen Forscherteams unter der Leitung des kanadischen Meeresforschers Daniel G. Boyce aus dem Jahr 2022 55 bis 87 Prozent der rund 25.000 analysierten Tierarten in den Ozeanen bis 2100 stark gefährdet. 55 Prozent der Meerstiere wären bedroht, wenn die Temperaturen nur um 2 Grad Celsius leicht ansteigen, wie das optimistische Szenario des Weltklimarates lautet. Im pessimistischen Szenario geht man von einem Anstieg von 4 bis 6 Grad Celsius aus. Dann wären 87 Prozent der marinen Arten stark durch wärmeres Wasser gefährdet, und zwar im Schnitt auf 85 Prozent des Gebiets, in dem sie vorkommen. Vor allem Haie und Meerssäuger aber auch tropische Fischarten wären betroffen. Wenn dies eintritt, könnten marine Ökosysteme zusammenzubrechen. Damit wäre die Ernährungssicherheit von ärmeren Ländern, die von Fischerei abhängen, bedroht.

„Die Klimakrise ist ein medizinischer Notfall"

Das sagte der Arzt Eckart von Hirschhausen, der auch Comedian, Moderator und Buchautor ist, in einem taz-Interview im September 2019. Vor allem für Großstädter wird die Hitze zum Problem, da sich die meist aus Beton bestehenden Gebäude nachts

nicht abkühlen und sich so der Körper nicht gut erholen kann. Man spricht von „urbanen Wärmeinseleffekten“. Auf dem Land sind eher Naturmaterialien wie Holz verbaut, die Wärme nicht so stark speichern.

Ganz besonders sind ältere Menschen bei Rekordtemperaturen betroffen, weil ihr Durstgefühl weniger gut funktioniert und auch der Kreislauf im Alter schlechter reguliert wird. Aber auch wohnungslosen Menschen, Schwangeren, Säuglingen, Kleinkindern und kranken Menschen macht Hitze zu schaffen. Es kann zu Kreislaufproblemen wie Erschöpfung, Schwindel oder Schwellungen an Füßen kommen. Das Risiko für Herzinfarkte und Todesfälle steigt ebenso an. Laut Modellrechnungen des Umweltbundesamtes ist mit einem Anstieg der hitzebedingten Sterblichkeitsrate von 1 bis 6 Prozent pro Grad Celsius zu rechnen. Zudem steigt das Risiko für Pandemien sowie Hautkrebs. In ärmeren Ländern wird sich zudem Mangelernährung verstärken. Nicht nur weil Ernten ausfallen, sondern auch, weil durch den CO2-Anstieg in der Atmosphäre Pflanzen wie Weizen, Reis, Soja oder Erbsen weniger Eisen und Zink einlagern.

Die Flut

Wetter ist nicht gleich Klima, das heißt, ein Hitzesommer oder ein starker Regen ist nicht gleich Klimawandel. Nach der Hochwasserkatastrophe im Ahrtal im Jahr 2021 wurde zum Beispiel diskutiert, welchen Anteil der Klimawandel daran hatte. Schließlich kämpfen die Menschen dort schon seit Jahrhunderten mit Überschwemmungen. Dennoch ist klar: Bestimmte Wetterphänomene werden durch die Erwärmung der Erde immer wahrscheinlicher.

Als es am 15. Juli 2021 unaufhörlich regnete, kam es zu einer Hochwasserkatastrophe im Ahrtal, Rheinland-Pfalz. Auch in Nordrhein-Westfalen und Belgien schwollen die Wassermassen zu 10 Meter hohen Flutwellen an. Das Wasser nahm damals im Ahrtal 134 Menschen das Leben und zerstörte über 9000 Häuser. Das Ereignis war eine Folge extrem starken Regens. Ab 30 Liter pro Quadratmeter an einem Tag spricht man von einem „Starkregenereignis". Am 15. Juli schwollen die Pegel auf 93 Liter pro Quadratmeter an. War das nun eine Naturkatastrophe oder ist das schon Klimawandel?

Die sogenannte Attributionsforschung widmet sich genau solchen Details: Wie wahrscheinlich war ein Wetterphänomen mit und ohne die vom „Homo sapiens" verursachte Erderwärmung? Der Unterschied ist dann der Anteil der Klimakrise.

Tatsächlich gibt es im Ahrtal schon seit Jahrhunderten immer wieder Überschwemmungen. Schließlich ist das Tal eng, die Dörfer waren vor der Katastrophe stark versiegelt, es gab also keine Flächen, wohin das Wasser ausweichen konnte. Ohne den anthropogenen Klimawandel würde ein solches Ereignis in Mitteleuropa laut einer Studie des Deutschen Wetterdienstes im Jahr 2021 allerdings nur rund alle 2000 Jahre stattfinden. Doch aufgrund der mittlerweile bereits erreichten globalen Erwärmung verringere sich die Frequenz nun auf rund 400 Jahre.

Der Grund: Je wärmer die Luft, desto mehr Wasserdampf kann sie aufnehmen – und später wieder abregnen. In der Folge des Klimawandels wird es also immer häufiger zu solchen Extremwetterereignissen kommen.

Was kann die Politik tun?

Mit kleinen Veränderungen hier, kleinen Anpassungen dort, wird man dem Klimawandel nicht beikommen. Angesichts der Krise müssen große Veränderungen schnell eingeleitet werden. Darum fordern Forschende immer wieder, Prioritäten zu setzen, und zwar dort, wo wirklich viele Emissionen verhindert werden und Klimaneutralität erreicht werden kann wie etwa bei der Energiewende. Wichtigstes Instrument: die CO2-Bepreisung. Deutschland hat sich in verschiedenen Abkommen zur drastischen Senkung von Treibhausgasen verpflichtet.

Die meisten Akteure*innen sind sich einig, dass es ohne eine gut gemachte Klimapolitik keinen Wandel geben kann. Klar ist auch, dass dafür neben einem gesetzlichen Rahmen auch Investitionen vonnöten sind. Konkret werden die EU-weiten Investitionen auf 300 Milliarden Euro pro Jahr beziffert, vor allem für den Ausbau von erneuerbaren Energien, Erweiterung der Stromnetze sowie der Schieneninfrastruktur. Wissenschaftler*innen der „Deutschen Akademie der Naturforscher Leopoldina" haben folgende Bereiche als Priorität für den Gesetzgeber benannt: Energiewende, technologischer Wandel im Wärme-, Verkehrs- und Industriesektor sowie Negativemissionen.

Regelwerke, die den Rahmen vorgeben

Das Deutsche Klimaschutzgesetz

Deutschland hat sich national im Klimaschutzgesetz zum Handeln verpflichtet. Und auch das Bundesverfassungsgericht sieht eine besondere Pflicht der Politik gegenüber den kommenden Generationen. So hat das Oberste Gericht 2021 von der Bundesregierung gefordert, das Klimaschutzprogramm zu verschärfen. Nach einem neuen Entwurf des Gesetzes ist nun vorgesehen, dass bis 2030 65 Prozent und bis 2040 88 Prozent der CO2-Emissionen eingespart werden sollten. Ziel ist, bis 2045 „klimaneutral" zu sein. Das heißt also: Von derzeit rund 746 Millionen Tonnen CO2-Ausstoß müsste man in 22 Jahren auf Null kommen.

Der „Green Deal" der Europäischen Union

Der „Green Deal" der Europäischen Union legt ähnliche Ziele fest. Bis 2050 sollen die EU-Länder klimaneutral werden. Der Green Deal ist ein Maßnahmenpaket. Es umfasst Initiativen im Bereich Klima, Umwelt, Energie, Verkehr, Industrie, Landwirtschaft und nachhaltiges Finanzwesen. Um hier Veränderungen zu bewirken, müssen bislang geltende Rechtsvorschriften der Union geändert werden. Zudem stellt die Europäische Union Gelder zur Verfügung, um klimafreundliche Maßnahmen und Forschung zu fördern. Der Deal gilt als ambitionierter Motor einer Transformation.

Internationale Abkommen

Deutschland hat zudem internationale Abkommen unterschrieben. So ist etwa das Kyoto-Protokoll der weltweit erste verpflichtende Vertrag zur Verringerung der Treibhausgasemissionen. Industrieländer haben darin im Jahr 1997 eine Reduktion von durchschnittlich 5 Prozent Treibhausgasemissionen

Frans Timmermans, EU-Kommissar für Klimaschutz, auf der Klimakonferenz COP27 im Jahr 2022

für den Zeitraum von 2008 bis 2012 vereinbart, wobei sich die einzelnen Länder unterschiedlich schwere Bürden auferlegt haben. Deutschland hat sich zum Beispiel verpflichtet, die Klimagase um 21 Prozent zu senken, während andere Länder keine Emissionsminderungen für sich festlegten.

Das Pariser Abkommen löste das Kyoto-Protokoll ab, es ist ebenfalls völkerrechtlich bindend. 196 Staaten und die EU haben 2015 vereinbart, den Anstieg der globalen Durchschnittstemperatur auf deutlich unter 2 Grad Celsius, idealerweise auf 1,5 Grad Celsius, zu begrenzen. Um seine Anstrengungen zu belegen, muss jedes Vertragsland immer wieder Daten transparent machen.

Welche Instrumente hat die Politik?

CO2-Bepreisung: So wird nachhaltiges Wirtschaften belohnt

In der Europäischen Union existiert bereits seit 2005 ein Klimaschutzinstrument, das EU-Emissionshandelssystem (EHS). Es bewirkt, dass der Verursacher von Kohlendioxid einen Preis zahlen muss. Das System reguliert derzeit nur die CO2-Emissionen von Kohle- und Gaskraftwerke sowie Großindustrien, die Stahl, Chemikalien oder Papier herstellen und auch Luftfahrtgesellschaften. Sie werden dabei verpflichtet, für jede emittierte Tonne Kohlendioxid einen Berechtigungsschein in Form von Zertifikaten zu besitzen. Wie viel sie maximal emittieren dürfen, wird ihnen vom Staat zugeteilt, emittieren sie mehr, müssen sie Zertifikate hinzukaufen. Der Zertifikathandel läuft über Versteigerungen, so entsteht ein CO2-Preis. Jährlich wird die CO2-Obergrenze abgesenkt, also die Zertifikate verknappt. Das hat Anreize geschaffen, die klimaschädlichen Branchen zu modernisieren. Denn: Je effizienter Prozesse sind, desto weniger Kohlendioxid verursachen sie und das spart dem Unternehmen Kosten, weil es Zertifikate verkaufen kann. Das Emissionshandelssystem der Europäischen Union ist der weltweit erste bedeutende und bislang größte Kohlenstoffmarkt. Er reguliert EU-weit rund 45 Prozent des gesamten Treibhausgasausstoßes.

Auch eine CO2-Steuer ist ein Instrument zur Senkung von Treibhausgasen. Die Steuer kommt bereits in einigen Ländern wie Schweden zum Einsatz, nicht jedoch in Deutschland. Es ist eine Methode, mit der man national besehen schneller Treibhausgase senken kann, der CO2-Preis wird hier vom Gesetzgeber und nicht vom Markt festgelegt. Sie betrifft Unternehmen, die entsprechende Güter herstellen und dafür die Steuer an den Staat zahlen, aber auch Verbraucher*innen, die diese Güter kaufen. In Schweden sind etwa seit 1991 Brenn- und Treibstoffe besteuert. Darum wird in dem skandinavischen Land zum Beispiel kaum noch mit Öl geheizt.

In Deutschland zahlen Verbraucher*innen zwar seit 2021 eine CO2-Abgabe für Brennstoffe zum Heizen sowie für Benzin und Diesel. Diese ist jedoch keine echte Steuer, sondern eine Art nationaler Emissionshandel. Der CO2-Preis dieser Güter wird jährlich ansteigen, damit mehr Bahn gefahren und weniger geheizt wird. Diese Steuer soll künftig in einen europäischen Emissionshandel integriert werden.

Gesetze, Richtlinien, Forschungsförderung

- Erneuerbare-Energien-Gesetz: Seit dem Jahr 2000 dürfen Betreiber von Wind-, Solar- oder Biogasanlagen Strom bevorzugt in die Netze einspeisen und bekommen garantierte Preise. Das schreibt das Erneuerbare-Energien-Gesetz (EEG) vor. Seit Anfang 2023 gibt es eine Novelle.
- Heizungsmodernisierungsgesetz: Auch im Sektor Heizen müssen Emissionen sinken. Dafür soll das Heizungsmodernisierungsgesetz sorgen, das ab 2024 unter anderem die Neuinstallation von Öl- sowie Gasheizungen verbietet. Stattdessen sollen neue Heizungen zu einem Großteil mit erneuerbaren Energien betrieben werden.
- Verkehr: Im Verkehrssektor wäre eine gesetzliche Geschwindigkeitsbegrenzung auf 130 Kilometer pro Stunde möglich, um Treibhausgase zu senken. Und auch das bereits vorhandene Deutschlandticket stärkt den öffentlichen Nahverkehr.
- Kreislaufwirtschaft: Richtlinien für Unternehmen können die Kreislaufwirtschaft fördern. Demnach sollte der Materialeinsatz vermindert, das Produkt langlebig und entstehender Abfall wiederverwertbar sein. Laut einer EU-Richtlinie soll etwa bei Verpackungsabfällen bis 2030 eine Recyclingrate von 70 Prozent erreicht werden.
- FONA-Strategie: Mit der FONA-Strategie werden Klimaforschungsprojekte gefördert. Etwa dazu, wie sich Städte und Kommunen aktiv vorbereiten und resilient werden können. Aber auch die Entwicklung innovativer Technologien wie die Wasserstofftechnologie wird unterstützt.

Negativemissionen

Klar ist, dass der CO2-Ausstoß gesenkt werden muss. Dennoch wird es immer Emissionen geben, die man nicht vermeiden kann. Daher sehen viele Forschende mittlerweile auch Systeme als notwendig an, mit denen man Klimagase aus der Luft abscheiden kann. Hier sollen sie kurz vorgestellt werden:

- Waldgebiete und Moore als Speicher nutzen: Wiederherstellung von Feuchtgebieten und Mooren, Anpflanzung neuer Wälder und Stopp der Abholzung.
- Umwandlung von Biomasse in Pflanzenkohle: Im Boden ausgebracht wird dort mehr Kohlendioxid gebunden. Dazu muss Biomasse wie etwa Grünschnitt oder Klärschlamm auf bis zu 900 Grad erhitzt werden, der Prozess ist also noch sehr energieintensiv.
- Ozeandüngung: Plankton und Mini-Wasserpflanzen binden Kohlendioxid. Ihr Wachstum soll durch Düngung mit speziellen Chemikalien wie Mineralstaub oder Eisen erhöht werden, wodurch mehr Kohlendioxid gespeichert würde. Dieses Geoengineering-Verfahren wird besonders kritisch gesehen, da unabsehbare Folgen für die Ökosysteme drohen und auch nur relativ wenig Kohlendioxid im Meer verschwinden würde.
- Herausfiltern von Kohlendioxid aus der Luft („Direct Air Carbon Capture and Storage“): Technische Anlagen binden dabei das in der Luft enthaltene Kohlendioxid und verbringen das Gas in unterirdische Lagerstätten. Auch diese Anlagen haben einen relativ hohen Energieverbrauch.
- Verschattung der Sonne („Solar Radiation Management“): Dabei soll der Anteil des kurzwelligen Sonnenlichts auf die Erde mittels großer Sonnensegel oder bestimmter Aerosole im All reduziert werden und eine Erwärmung verhindert. Auch hier sind die potenziellen negativen Folgen bislang nicht erforscht.

Wer kommt durch?

Tiere können sich zwar an veränderte Klimabedingungen anpassen. Falsch ist jedoch die Behauptung, dass ihnen der derzeit stattfindende Klimawandel nichts ausmachen wird. Denn es braucht Zeit, dass Tiere über natürliche Auslese diejenigen Anpassungsfähigkeiten erlangen, die sie fürs Überleben brauchen. Doch die Temperaturen steigen so schnell wie nie zuvor in der Geschichte des Planeten.

Es gibt viele Beispiele, wie Tiere auf die Folgen des Klimawandels wie Hitze, kürzere Winterperioden oder wärmeres Wasser reagieren. Bei manchen Tieren verändert sich infolge des Klimawandels das Aussehen. Sie bekommen größere oder längere Schnäbel, Beine und Ohren, um ihre Körpertemperatur besser regulieren zu können. Einige Tiere passen sich auch mit einem veränderten Stoffwechsel, also mit einem geringeren Energie- sowie Wasserverbrauch, an die trockene, sauerstoffreduzierte Umgebungen an. Einige wandern aus – bereits jetzt sind Wanderbewegungen weg von artenreichen Tropenwäldern am Äquator in kühlere Regionen zu sehen. Andere haben von Haus aus hilfreiche Fähigkeiten: So überleben diejenigen Eidechsen auf den karibischen Inseln Hurrikane, die sich wegen einer besonderen Fußanatomie an Halmen und Zweigen regelrecht festklammern und damit offenbar den großen Windstärken trotzen können.

Doch sicher ist: Viele Tierarten werden die erdgeschichtlich betrachtet schnell ansteigenden Temperaturen und die Folgen für die Großwetterlage nicht überleben: Forschende sagen ein Massensterben voraus. Werden Treib-

hausgasemissionen nicht effektiv gesenkt, könnte schätzungsweise jede sechste Tier- und Pflanzenart von diesem Planeten ausgelöscht werden. So haben Forschende von der Universität Connecticut im Jahr 2015 geschätzt. Der Eisbär, dem die Heimat unter den Tatzen wegschmilzt, ist darum nur ein prominentes Beispiel. Denn Biodiversität ergibt sich aus der Anpassung an ein ganz bestimmtes Ökosystem. Das heißt: Tiere sind extrem spezialisiert, was ihren Körperbau, ihre Ernährungsweise oder ihre Fortpflanzung betrifft. Und das ist das Ergebnis von vielen Jahrtausenden Evolution. Im Eozän vor rund 15 Millionen Jahren war es rund 14 Grad wärmer als heute, während in der letzten Eiszeit, die bis vor 12.000 Jahren andauerte, die Temperaturen 4 Grad niedriger als heute lagen. Tiere können sich durchaus an solche veränderten Temperaturen adaptieren, wenn sie Zeit haben. Um sich an das zu erwartende Tempo der Erderwärmung anzupassen, müssten sich Arten bis Ende dieses Jahrhunderts mehrere Tausend mal schneller verändern, als sie es bisher taten. Wer das mit großer Wahrscheinlichkeit nicht schafft: Großer Panda, Koalabär, Eisbär, Sumatra Orang Utan, Afrikanischer Elefant, Schneeleopard, Meeresschildkröte, Blauwal, Großer Eisvogel (Schmetterlingsart).

Alleingang

Klar, Deutschland hat nur einen geringen Anteil von wenigen Prozent an den weltweiten Treibhausgasemissionen. Dennoch dürfen wir die Hände nicht in den Schoß legen.

In Deutschland werden momentan rund 746 Millionen Tonnen Klimagase pro Jahr emittiert, weltweit sind es 37.000 Millionen Tonnen. Deutschland ist damit am Gesamtausstoß mit etwa 2 Prozent beteiligt. Zum Vergleich: China emittiert 30 Prozent, die USA 14 Prozent. Was bringt es also, wenn wir uns in Deutschland umstellen, viel Geld für die Energiewende in die Hand nehmen oder auf das geliebte Auto und auf Fleisch verzichten? Dass Deutschland allein nichts ausrichten kann, ist ein sehr häufiges Argument, wenn es um den Klimawandel geht und es leuchtet ja auch erstmal ein. Allerdings gibt es vieles, was dagegen spricht.

Klimagerechtigkeit: Deutschland zählt zu den reichsten Ländern der Welt, die den Klimawandel überproportional mit verursacht haben und immer noch verursachen, da wir einen sehr hohen ökologischen Fußabdruck haben. Pro Kopf emittieren wir mit 11 Tonnen Kohlendioxid pro Jahr, 30-mal so viele Klimagase wie Menschen in Kenia oder Nepal. Darum müssen wir uns mit bemühen, etwas gegen die Erderwärmung zu unternehmen. Zumal wir über die nötigen Ressourcen (Wissen, Geld und Technik) verfügen.

Vorbildfunktion: Deutschland hat vor allem erstmal für europäische Länder eine Vorbildrolle. Hier sind wir einsamer Spitzenreiter, was den Ausstoß der Treibhausgase anbelangt. Und wenn man die EU-Staaten zusammenrechnet, dann landen sie hinsichtlich des Ausstoßes an Klimagasen mit 11 Prozent an dritter Stelle hinter USA (14 Prozent) und China (30 Prozent). Daraus resultiert dann sehr wohl eine Verantwortung.

Dominoeffekt: Studien belegen, dass Menschen eher dafür bereit sind, kostspielige Klimaschutzmaßnahmen mitzutragen, wenn andere Länder auch investieren. Internationale Abkommen zu unterzeichnen und entsprechend umzusetzen führt also dazu, dass auch in anderen Ländern etwas getan wird, es kommt quasi zu einem Dominoeffekt.

Verpflichtung: Deutschland hat sich völkerrechtlich verpflichtet, die Klimaziele von Paris und anderen Abkommen einzuhalten. Diesen nicht nachzukommen, würde Deutschland nicht nur Imageverlust einbringen, sondern auch erhebliche Strafzahlungen bedeuten.

Hoffnungsschimmer

Um den Mut zu bewahren, sollte man auch einmal zurückblicken. So hat Deutschland schon einiges in die Wege geleitet, um in Sachen Klimaschutz voranzukommen. Vor allem im Energiesektor haben klimapolitische Maßnahmen Wirkung gezeigt. Aber auch die Wende hat zur Reduktion beigetragen.

Tatsächlich gibt es viel zu tun, allerdings sollte man sich immer mal wieder vergegenwärtigen, dass wir schon einiges geschafft haben, und zwar ohne dass gleichzeitig unser Wohlstand unter die Räder gekommen wäre. So konnten etwa in Deutschland die Klimagasemissionen seit 1990 um satte 40 Prozent verringert werden. Sie sanken bis 2021 um rund 480 Millionen Tonnen CO2-Äquivalente auf 760 Millionen Tonnen.

Zwischen 1990 und 1995 ist dies vor allem darauf zurückzuführen, dass Braunkohlekraftwerke in den neuen Bundesländern stillgelegt wurden. Ab Mitte der 1990er-Jahre hat auch die Klimaschutzpolitik Wirkung gezeigt. Die Emissionen aus der Energiewirtschaft zum Beispiel halbierten sich in diesem Zeitraum. Die Industrie sowie der Gebäudesektor haben ihren CO2-Ausstoß um mehr als ein Drittel reduziert, die Landwirtschaft um ein Viertel verglichen mit 1990. Spitzenreiter ist die Abfallwirtschaft mit fast 80 Prozent weniger Klimagasemissionen. Nur im Verkehr gab es kaum Veränderungen.

Doch in einigen Ländern schreitet die Energiewende schneller voran als in Deutschland, so speist etwa Schweden mittlerweile mehr als die Hälfte an Strom und Wärme aus erneuerbaren Energien. Auch Frankreich, Spanien sowie Russland und die USA haben ihre CO2-Emissionen heruntergefahren. Vor allem die USA ist als einer der größten Emittenten der Welt wichtig für effektiven Klimaschutz. Die Hoffnung liegt nun auch auf China und Indien, einen Weg weg von der Kohle einzuschlagen.

Früher Feuer, heute Wind

Die Energiewende ist seit Jahren im Gange, Kohlegruben werden stillgelegt, Windräder aufgebaut, Solarpanels installiert. Das ist gut so, schließlich entstehen gerade bei der Erzeugung von Strom und Wärme aus fossilen Energieträgern unverhältnismäßig viele Treibhausgase. Strom stammt jedoch mittlerweile zu knapp 50 Prozent aus grüner, also regenerativer Energie.

In der Steinzeit wurde Wärme und Licht mit Feuer erzeugt, heute gibt es zahlreiche Energieträger, dazu zählen fossile und regenerative Energieträger. Ohne Strom und Heizung ist unser Leben undenkbar. Auch die Wasserversorgung basiert darauf, dass wir Energie zur Verfügung haben. Die Crux: Im Sektor Energiewirtschaft entstehen bei der Gewinnung, der Umwandlung, dem Transport oder der Speicherung von Energie viele Treibhausgase: Die Energiewirtschaft emittiert mit einem Drittel am Gesamt-CO2-Ausstoß einen Löwenanteil an klimaschädlichen Gasen.

Fossile Energieträger haben sich über Jahrmillionen aus abgestorbenen Tieren und Pflanzen unter hohem Druck und Temperatur gebildet. Ihre Vorkommen sind endlich und sie sind bei der Umwandlung zu Strom und Wärme wegen der hohen CO2-Emissionen in besonderem Maße für den Treibhauseffekt verantwortlich. Dabei ist die Verstromung von Kohle besonders emissionsbelastet: Bei der Herstellung einer Megawattstunde stößt ein Kraftwerk nahezu 1 Tonne Kohlendioxid aus, ein Erdgaskraftwerk dagegen nur 350 Kilogramm. Zu den fossilen Energieträgern zählen:

- Stein- und Braunkohle
- Erdgas
- Erdöl
- Torf

Regenerative Energiequellen wie Sonne und Wind sind teils in fast unbegrenztem Maße verfügbar oder erneuern sich sehr schnell wie etwa Biomasse. Die Erzeugung von Strom und Wärme

mittels regenerativer Energiequellen ist klimafreundlich, da nur beim Kraftwerksbau Treibhausgase entstehen. Zu den regenerativen Energiequellen zählen:

☼ Windkraft ☼ Solarenergie ☼ Wasserkraft ☼ Biogasanlagen ☼ Geothermie ☼ Holz

Kernenergie: Sie bildet eine Ausnahme. Kernenergie ist wegen des benötigten Urans, dessen Vorkommen endlich ist, nicht regenerativ, aber eben auch nicht fossil. Atomkraftwerke sind CO_2-arm.

Fracking: Ist eine besondere Art, Erdgas zur Energieerzeugung zu nutzen. Meist werden Erdgasvorkommen unter der Erde angezapft, um an das Gas zu kommen. Dieses wird dann über große Röhren, wie die in 2022 stillgelegte „Nordstream"-Pipeline transportiert. Gas kann auch zu „Liquid Natural Gas" verflüssigt und zu LNG-Terminals verschifft werden. Es ist zudem möglich, das Gas aus Schiefergestein zu fördern. Diese Methode, „Fracking"

Solarparks und Windräder ersetzen immer häufiger Kohlekraftwerke.

genannt, gilt als sehr umweltschädlich, da sie das Trinkwasser verunreinigen und zu Methanemissionen führen kann.

Wie verteilen sich die Energieträger auf den Strommarkt? 2022 stammten 25 Prozent des Stroms aus Windkraft, 22 Prozent aus Braunkohle, 12 Prozent aus Photovoltaik, 11 Prozent aus Steinkohle, 9 Prozent aus Erdgas, knapp 9 Prozent aus Biomasse, 7 Prozent aus Kernenergie und 3 Prozent aus Wasserkraft. Damit kommt mittlerweile knapp die Hälfte unseres Stroms von Wind, Sonne & Co.

Wie verhält es sich in Sachen Wärme? Wärmenergie für Heizung, Warmwasser und die sogenannte „Prozesswärme“, die in der Industrie gebraucht wird, wird in Deutschland meist aus Erdgas gewonnen. Der fossile Energieträger liefert rund die Hälfte der in Deutschland benötigten Wärmeenergie. Der Anteil erneuerbarer Energien am Wärmemarkt macht dagegen nur rund 17 Prozent aus, hier spielt vor allem Holz eine Rolle. Der Rest der Heizenergie stammt aus Kohle und ein geringer Teil aus Öl.

Der Wind, der Wind, das himmlische Kind

Die Windkraft trägt in Deutschland die meiste Energie zum Strom- und Wärmebedarf bei, wenn man sich die erneuerbaren Energien besieht. Dennoch geht der Ausbau viel zu langsam vonstatten, um die Klimaziele zu erreichen. Das lag bislang an langwierigen Genehmigungsverfahren sowie am Mangel an ausgewiesenen Flächen. Schließlich muss auch die ansässige Bevölkerung und Naturschützer bei der Planung von Windparks beteiligt werden.

Die Windkraft bleibt mit 128 Terawattstunden (Stand 2022) der größte Stromlieferant unter den erneuerbaren Energien. Jedoch wurden 2022 nur 2,4 Gigawatt an möglicher Leistung zu den bestehenden Anlagen dazu gebaut. Um die deutschen Klimaziele 2030 zu erreichen, wäre ein durchschnittlicher jährlicher Zubau von rund 9,8 Gigawatt bei der Windenergie an Land und auf See nötig. Oder anders ausgedrückt: Um Klimaneutralität zu erlangen, müssten pro Tag vier bis fünf neue Windräder gebaut werden. Derzeit sind es rund 1,5 Räder.

Woran liegt das?

- Komplizierte Genehmigungsverfahren: Derzeit dauert das Verfahren von der Planung einer Windturbine bis zur Stromeinspeisung rund 7 Jahre.
- Zu wenige ausgewiesene Flächen: Das liegt unter anderem auch an Abstandsregeln, die in den Bundesländern unterschiedlich streng sind.
- Strenge Auflagen in Sachen Natur-, Arten- und Denkmalschutz sowie Abstände zu militärischen Gebieten.
- Widerstand der Bevölkerung: Häufig scheitert der Bau neuer Anlagen daran, dass niemand Windräder oder Stromtrassen

vor seiner Haustür stehen haben möchte. Oft lehnen kommunale Entscheidungsträger schon im Vorhinein entsprechende Anfragen ab. Der Ausweg: Anwohner müsste man vor der Planung anhören und mitsprechen lassen und sie auch wirtschaftlich beteiligen.

- Widerstand von Vogelschützern: Teils geraten Wildvögel oder auch Fledermäuse in die Turbinen. Darum werden zunehmend Antikollisionssysteme in neuen Windrädern verbaut, die sich etwa nachts abschalten, um Fledermäuse zu schützen oder den Anflug von Greifvögeln registrieren und dann stillstehen.. Sinnvoll ist es auch, Standorte im Vorfeld mithilfe von Naturschutzverbänden auszuwählen.
- Mangel an Rohstoffen: Seit 2022 gibt es Lieferengpässe bei Rohstoffen. Windturbinen brauchen Stahl, Kupfer, Nickel, Zink und Seltene Erden wie Neodym.
- Was tun bei Flaute? Auch die Speicherung von Energie ist bislang technologisch noch nicht gelöst, was den Ausbau bislang gehemmt hat. Allerdings könnte das Speicherproblem kleiner sein als angenommen. So gleicht man schon heute windarme Zeiten über sogenannte „Smart Grids“, also intelligente Stromnetze aus. Dabei erfasst eine zentrale Steuerung erzeugte Leistung sowie Verbrauch, um Leistungsschwankungen etwa bei der Windkraft zu erkennen und andere Energieträger wie Gas zu nutzen. Europaweit können so jederzeit Engpässe vermieden werden.

Seit dem 1. Januar 2023 ist die Novelle des Erneuerbaren-Energien-Gesetzes in Kraft. Die große Neuerung besteht darin, dass erneuerbare Energien nun im „überragenden öffentlichen Interesse“ liegen und der „öffentlichen Sicherheit“ dienen. Das soll Genehmigungsverfahren für Windkraft, Solaranlagen oder Biomasse beschleunigen. Zudem sind die Länder seither unter anderem gesetzlich verpflichtet, insgesamt 2 Prozent der bundesdeutschen Fläche für Windräder zur Verfügung zu stellen. Bislang war es nur 1 Prozent.

Der Wind und der Infraschall

Von Windrädern gehen Infraschallwellen aus, die die Rotorblätter verursachen. Über Jahre fehlerhafte Messungen einer Behörde führten zu einer eklatanten Überschätzung der Immissionen. Dies befeuerte die Befürchtung, dass Windräder krank machen, dem Gehör schaden und vielleicht sogar dem Herz. Heute bestätigen regelmäßige Untersuchungen, dass von Windkraftanlagen keine Gesundheitsgefahr ausgeht.

Teils scheitert die Installierung neuer Windparks an der Befürchtung der ansässigen Bevölkerung, dass Windkraft durch Infraschall krank mache. Mit Banneraufschriften wie „Auf Dauer tödlich" bekämpfen darum Bürgerinitiativen Windräder und damit auch die Energiewende. Tatsächlich verursachen Windanlagen Schallwellen im niedrigen Frequenzbereich (Infraschall), wenn die Rotorblätter am Turm vorbeistreifen. Dies ist vor allem bei älteren Anlagen der Fall. Zudem entstehen Geräusche im gesamten Frequenzbereich etwa durch Turbulenzen an den Rotorblättern.

Mittels Infraschall verständigen sich etwa Wale. Infraschall ist für Menschen hingegen nicht oder kaum wahrnehmbar. Das hängt vor allem von der Frequenz ab, mit der die Schallwellen schwingen. Liegt der Wert unter 20 Hertz, ist Infraschall meist nicht mehr zu spüren. Infraschall kann aber bei sehr hohen Pegeln von unserem Tast- und Gleichgewichtssinn erfasst werden. Man kann Infraschall also je nach Frequenz und Lautstärke hören oder als Brummen, Pulsieren oder Druckgefühl empfinden. Wie stark diese Empfindungen sind, scheint jedoch von Mensch zu Mensch verschieden.

Wer einen sehr feinen Spürsinn hat, das ist schätzungsweise bei 1 Prozent der Bevölkerung der Fall, wird sich auch von nichthörbarem Infraschall gestört fühlen, was durchaus auch gesundheitsschädliche Effekte haben kann, weil dies praktisch eine ständige latente Stressquelle ist.

Unumstritten ist, dass bei wahrnehmbarem Infraschall mit sehr hohen Pegeln das Gehör, das Gleichgewichtsorgan im Innenohr sowie Herzmuskelzellen beeinträchtigt werden können, was unter anderem zu Ermüdung oder Benommenheit führen kann.

Allerdings liegt Infraschall, der von Windrädern ausgeht, laut Messungen der Landesuntersuchungsämter deutlich bis sehr deutlich unterhalb der Hör- und Wahrnehmungsschwelle, auch wenn sehr nahe am Turm gemessen wurde. In nahe an Windanlagen gelegen Siedlungen waren das Frequenzen von 1 Hertz.

Woher kommen also die Befürchtungen? Tragischerweise basiert die Sorge, dass Windräder krank machen, auf fehlerhaften Messungen seit 2009 der Bundesanstalt für Geowissenschaften und Rohstoffe (BGR). Sie attestierte Windrädern hohe Infraschallwerte. Erst nach Protesten von anderen Wissenschaftler*innen räumte die Behörde im Jahr 2021 Fehler bei der Umrechnung des Drucksignals in Schalldruckpegel ein. Der Infraschall bei Windturbinen wurden dadurch 4000-mal höher eingeschätzt, als er tatsächlich war. Zwar sind sich Experten*innen heute einig, dass Infraschall unbedenklich ist, dennoch werden entsprechende Behauptungen immer noch verbreitet.

Kraftvolle Strahlen

Solaranlagen sind ein wichtiger Bestandteil der Energiewende. Die Ökobilanz moderner Anlagen ist sehr gut. Doch auch hier schreitet der Ausbau zu langsam voran, weil im dicht besiedelten Deutschland Flächen fehlen. Wenn die Sonne nicht scheint, braucht es auch Speichersysteme. Privathaushalte verfügen schon sehr oft über solche Batterien, Großspeicher für Solarparks fehlen aber noch.

Immer häufiger sieht man Solarparks entlang der Autobahn, schwimmend auf Seen oder kleinere Sonnenkollektoren an Fassaden und Dächern. In Deutschland standen 2022 66,5 Gigawatt installierte Leistung in Form von Photovoltaikanlagen. Rund 70 Prozent der Leistung liefern dabei Solarpanels auf Gebäuden. Damit trug die Solarbranche mit 12 Prozent zum Strommix bei. Zwar wurden 2022 vergleichsweise viele Solaranlagen (7,2 Gigawatt) neu gebaut, es kam zu einem Anstieg von 44 Prozent gegenüber dem Vorjahr. Allerdings müsste der Ausbau deutlich schneller gehen, mahnen Fachleute, sich im Grunde gemessen zu heute mehr als verdoppeln, um bis 2030 das 215-Gigawatt-Ziel zu erreichen. Das ist gesetzlich so festgelegt.

Flächenkonkurrenz

Theoretisch gibt es genügend freie Flächen für Sonnenkollektoren auf Dächern und Fassaden, vor allem auf Hochhäusern, Gewerbebauten sowie als Überbauung von Parkplätzen ist noch Platz. Gebäude mit Solarpanels zu bestücken, ist jedoch extrem langwierig, darum müssten mehrere Hektar große Flächen für Solarparks ausgewiesen werden. Die Crux: Deutschland ist stark besiedelt, großflächige Anlagen bieten also Konfliktpotenzial mit ansässigen Bewohnern. Zudem könnten in großem Maße landwirtschaftliche Flächen verloren gehen. Denn die Rendite eines Solarparks ist wesentlich höher als die eines Ackers.

Besonders naturverträglich sind Solarparks entlang von Autobahnen oder Bahntrassen.

Gute Ökobilanz moderner Solarzellen

Zwar emittieren Solarpanels keine Klimagase. Dennoch galt ihre Ökobilanz lange als schlecht, da die Herstellung viel Strom und Rohstoffe benötigt. Durch neue Technologien holen moderne Module jedoch nach 1 bis 2 Jahren den Energieaufwand wieder herein – anders als Kohle- oder Gaskraftwerke, die sich nie amortisieren. Empfehlenswert sind deutsche Fabrikate, da diese wiederum mit Solarstrom produziert werden und Transportwege wegfallen.

Für die Herstellung von Photovoltaikanlagen werden zudem Silizium sowie die Schwermetalle Blei und Cadmium benötigt. Wegen der Schwermetalle müssen ausgediente Module fachgerecht entsorgt werden. Sie werden bei Betrieb jedoch nicht freigesetzt, anders als bei der Verbrennung von Kohle, wo gehörige Mengen an Schadstoffen in die Umwelt gelangen.

Was tun, wenn die Sonne nicht scheint?

Wenn die Sonne nicht scheint, müssen Batterien den überschüssigen Strom in Sonnenzeiten speichern und bei Wolken und Regen einspeisen. Viele Privathaushalte, die Solarmodule auf dem Dach haben, verfügen bereits über solche Batterien. Der deutsche Speichermarkt gehört zu einem der führenden Märkte auf der Welt. Dennoch müsste bis 2030 noch viel mehr Leistung installiert sein. Großspeicher, zum Beispiel auf stillgelegten Atom- und Kohlekraftwerken erbaut, könnten hier Abhilfe schaffen. Möglich wäre auch die Umwandlung von überschüssigem Strom im Sommer in Wasserstoff. In der kalten Jahreszeit könnte dieser wieder in Strom rückverwandelt werden.

Die Sache mit dem Atom

Atomkraftwerke sind CO2-arm und werden darum teils als Lösung unseres Energieproblems angesehen. Atomkraftwerke sind jedoch nicht mehr nötig, dafür sorgt das EU-Zertifikatsystem. Sie liefern auch nicht zuverlässig Strom. Zudem sind sie teuer und gefährlich, das Abfallproblem ist nach wie vor ungelöst.

Die Nutzung der Atomkraft hierzulande begann mit dem ersten Atomgesetz, das 1960 in Kraft trat. Der Widerstand gegen die Atomkraft hat in der Bundesrepublik jedoch eine lange Tradition. Vor allem die Angst vor einem Supergau, aber auch die ungeklärte Frage, wo man den radioaktiven Müll speichern könnte, trieb die Gegner*innen um. Am 15. April 2023 gingen die letzten drei Meiler vom Netz. Doch war das für den Klimaschutz vielleicht kontraproduktiv? Schließlich hatte sich sogar Greta Thunberg dafür ausgesprochen, Atomkraft so lange zu nutzen, bis erneuerbare Energien in ausreichenden Mengen zur Verfügung stünden. In der EU wird Atomkraft mittlerweile als grüner Strom anerkannt. Allerdings sind sich die meisten Forschenden einig, dass die Atomkraft in Deutschland für eine klimaneutrale Wirtschaft nicht nötig ist. Das hat mehrere Gründe:

- Atomkraftwerke haben zuletzt 5 Prozent der Energie geliefert. Deutschland produziert jedoch etwa die gleiche Menge an Energieüberschüssen. Verschiedene Studien etwa der Bundesnetzagentur zeigen, dass die Stromversorgungssicherheit in Deutschland auch ohne Atomstrom gewährleistet bleibt. Für neue Brennstäbe braucht man Uran, das endlich ist. Sollten alle Pläne zu AKW-Neubauten weltweit Realität werden, würden laut des Bundes für Umwelt und Naturschutz die Uranvorkommen noch 18 Jahre reichen. Zudem ist in der Europäischen Union die Abhängigkeit von Russland in Sachen Uran groß. Rund 20 Prozent des Bedarfs stammen aus Russland und 23 Prozent aus Kasachstan, das mit Russland verbündet ist. Weitere Uran-

Importe der Europäischen Union stammen vor allem aus Niger (20 Prozent), Kanada (18 Prozent) und Australien (13 Prozent).

- Die Atomkraft ist eine extrem teure Art der Energieerzeugung und bedarf der staatlichen Subventionierung. Eine Kilowattstunde Strom aus Atomkraft kostete 10 Cent, aus Windkraft 4 Cent.
- Die Atomkraft ist nicht so verlässlich wie gedacht, gerade in Zeiten des Klimawandels. Denn bei Dürre trocknen Flüsse aus, die Wasser zur Kühlung der Anlagen liefern. In Frankreich mussten im Hitzesommer 2022 darum einige Meiler abgeschaltet werden.
- Das Problem der Entsorgung von Atommüll, der über Jahrhunderte lebensgefährlich radioaktiv strahlt, ist nicht gelöst. Atommüll wird derzeit an stillgelegten Kraftwerken zwischengelagert.
- Der Weltklimarat sieht im Neubau von Kernkraftwerken keinen Beitrag zur Klimaneutralität. Denn die Atomkraft benötigt viel Technologie-Know-how sowie stabile politische Verhältnisse. Das ist in vielen Ländern der Welt unrealistisch.

Im Hitzesommer 2022 waren in Frankreich ganze Flüsse, wie hier der Gardon, ausgetrocknet. Darum konnten einige Atomkraftwerke nicht ausreichend gekühlt werden.

Natürliches Potenzial

Biomasse, Wasserkraft sowie Erdwärme sind neben Wind- und Sonnenkraft weitere erneuerbare Energiequellen. Biomasse spielt vor allem als Wärmequelle eine Rolle, während Wasserkraft und Geothermie bislang nur wenig zur Energieversorgung Deutschlands beitragen.

Bioenergie

Neben Solarstrom und Windkraft spielt auch Bioenergie eine Rolle beim Ausbau der erneuerbaren Energien. Darunter versteht man Energie, die auf verschiedenen Wegen aus Biomasse erzeugt wird. Biomasse ist Material, das aus Pflanzen oder aus den Überresten von Tieren besteht. In Biomassekraftwerken wird in einem großen Kessel Biomasse wie Holz und Stroh verbrannt, während in Biogasanlagen Bioabfälle, Nutzpflanzen wie Mais, Reststoffe aus dem Getreideanbau oder Mist und Gülle zum Einsatz kommen. Sie werden wie auf einer Art industriellen Komposthaufen vergoren, wobei Gas entsteht. In Biogasanlagen kann zudem Ethanol, ein alternativer Kraftstoff, oder Pflanzenöl produziert werden. In sogenannten Biomasseheizkraftwerken entsteht neben Strom noch zusätzlich bei der Verbrennung Wärme, die zu Heizzwecken genutzt werden kann.

Biogasanlagen sind verlässliche Energielieferanten.

Biomassekraftwerke und Biogasanlagen haben viele Vorteile. Vor allem aber liefern sie gleichmäßig Energie. Dennoch wird der Bioenergie nur eine begrenzte Rolle bei der Energiewende zugesprochen. Schließlich werden Wälder in der Zukunft als Kohlenstoffsenken gebraucht. Ein großer Kritikpunkt ist auch der Einsatz von extra für die Energieerzeugung kultivierten Pflanzen wie Mais oder Raps. Diese „Tank oder Teller"-Debatte wird seit Jahren geführt. Derzeit wachsen hierzulande auf rund 14 Prozent der Äcker Energie- anstatt Nahrungspflanzen.

Wasserkraft

Wasserkraftwerke nutzen Energie, die in Flüssen, Stauseen oder am Meer entstehen und wandeln diese über Turbinen in Strom um. 2022 wurden rund 3 Prozent des Gesamtstroms hierzulande in Wasserkraftwerken produziert. Dabei wird kein Kohlendioxid emittiert und auch nicht im großen Stil Rohstoffe verbraucht. Die Wasserkraft gilt darum als klimafreundlich. Allerdings können Stauwerke für Fische tödlich sein. Umweltschutzorganisationen wie der Bund für Umwelt und Naturschutz Deutschland sind deshalb der Ansicht, dass es ein ökologisch vertretbares Ausbaupotenzial bei Wasserkraft im Gegensatz zu Windkraft nicht gebe.

Geothermie

Bei der Geothermie wird die in der Erdkruste gespeicherte Wärme genutzt. Diese kann über Bohrungen angezapft werden und zum Heizen, Kühlen und zur Stromerzeugung dienen. Je tiefer man bohrt, desto wärmer wird es. Erdwärmepumpen, wie sie auch in Privathäusern installiert werden können, fallen darunter. Umstritten ist nur die tiefe Geothermie, die aus mehr als 400 Metern Tiefe Thermalwasser nach oben befördert. Laut Umweltbundesamt birgt diese aber keine unbeherrschbaren Risiken für die Umwelt. Sie könnte künftig eine größere Rolle bei der Wärmeversorgung über Fernwärmenetze spielen. Schon heute bestreiten manche Kommunen damit über 50 Prozent ihrer Fernwärmeleistung.

Wunderbare Welt der Bastler und Tüftler

So wie der Widerstand gegen die Atomkraft die Erforschung von erneuerbaren Energien gefördert hat, so führt auch die zunehmende Ablehnung von Kohle zu weiteren Forschungsprojekten, die grüne Energie liefern sollen. Dazu zählen etwa grüner Wasserstoff oder die Kernfusion. Grüner Wasserstoff wird derzeit schon genutzt, während die Kernfusion noch mehr Energie verbraucht, als sie ausspuckt.

Grüner Wasserstoff: Um grünen Wasserstoff zu erzeugen, wird Wasser unter Strom gesetzt. Damit das klimaschonend abläuft, müssen bei dieser sogenannten Wasser-Elektrolyse erneuerbare Energien zum Einsatz kommen. Dabei trennen sich Wasserstoff und Sauerstoff. Der Wasserstoff wird dann unter hohem Druck flüssig und kann so transportiert werden. Das geht etwa über Erdnetze, Lkw-Transporte oder Schiffe. Vor Ort kann der Wasserstoff in Strom und Wärmeenergie umgewandelt werden oder in Brennstoffzellen Autos antreiben. Zudem können synthetische Kraftstoffe (sogenannte E-Fuels) als Kerosin- und Diesel-Ersatz für Flugzeuge, Schiffe und Lkw aus Wasserstoff hergestellt werden sowie Roh- und Brennstoffe für die Industrie. Bei diesem Prozess kommt auch Kohlendioxid zum Einsatz, das der Luft entnommen werden kann. Das Verfahren für synthetische Kraftstoffe ist extrem energieintensiv und teuer und wäre auch nur klimafreundlich, wenn erneuerbare Energien zum Einsatz kämen.

Ein Vorteil: Bestehende Gasinfrastruktur kann für den Transport von Wasserstoff von A nach B genutzt werden. Unklar ist aber, ob zukünftig ausreichend grüner Strom zur Verfügung stehen wird, um Wasserstoff zu erzeugen. Das wäre jedoch nötig, denn die energieintensive deutsche Industrie wird ohne große

Mengen an grünem Wasserstoff kaum klimaneutral werden können. Dafür müsste Wasserstoff aber in großem Umfang importiert werden. Wasserstofftransporte per Schiff haben jedoch einen hohen Energiebedarf.

Zudem werden derzeit enorme Mengen an Wasser verbraucht, um diese Energieform zu erzeugen. Darum ist die Produktion von grünem Wasserstoff nur dann umweltfreundlich, wenn genügend Wasser in der Region zur Verfügung steht. Teilweise ist die Nutzung auch noch ineffizient, etwa in Pkw. Wasserstoff hat hier einen Wirkungsgrad von 25 bis 35 Prozent, bei Elektroautos sind es 70 bis 80 Prozent. Einige Experten*innen sehen Wasserstoff daher zukünftig eher als Speicher von überschüssiger Energie, die man dann bei Engpässen ins Netz einspeisen könnte.

Derzeit investiert vor allem die Stahlindustrie mithilfe von Steuergeldern in große Elektrolyseure zur Herstellung von Wasserstoff. Und auch die Chemieindustrie könnte durch grünen Wasserstoff klimafreundlicher werden.

Kernfusion: Es ist fast zu schön, um wahr zu sein, was kalifornische Forschende im Jahr 2022 verkündeten. Sie haben in einem Kernfusionsreaktor mehr Energie erzeugt, als für den Betrieb des Reaktors benötigt wurde. So könnten in Zukunft unerschöpfliche Brennstoffmengen entstehen ohne Treibhausgasemissionen, ohne radioaktive Abfälle und ohne Supergau-Risiko. Bei der Kernfusion wird mithilfe von großem Energieaufwand, etwa mittels Laser oder Magneten die Verschmelzung von Wasserstoff- zu Heliumkernen ausgelöst. Dabei wird wiederum Energie frei. Allerdings ist das System noch nicht technisch ausgereift. Denn seit dem sensationellen Erfolg 2022 ist es kaum mehr gelungen, diesen „wissenschaftlichen Netto-Energiegewinn“ nachzustellen. Allerdings gibt es viele Start-ups, die daran basteln und darum ist die Hoffnung in der Wissenschaftsgemeinde groß, dass das System irgendwann funktionieren und grünen Strom liefern wird. Aber bis dahin werden noch einige Jahrzehnte ins Land gehen.

Bewegte Arbeitswelt

Kohlekraftwerke werden geschlossen, Autobauer rüsten auf Elektromobilität um und verlagern die Produktion ins Ausland – da könnte dem ein oder anderen Industriearbeitenden theoretisch schon bange werden. Oft wird darum behauptet, dass Klimaschutz der deutschen Wirtschaft schadet, weil Jobs verloren gehen. Allerdings stimmt die Aussage so nicht. Insgesamt werden durch den Ausbau der erneuerbaren Energien sogar mehr Arbeitsplätze entstehen. Zudem sehen viele Beschäftigte im Automobilsektor die Elektromobilität selbst nicht als Jobkiller.

Laut Umweltbundesamt wird sich die Erhöhung des Anteils erneuerbarer Energien positiv auf den Arbeitsmarkt, der derzeit aus 45,6 Millionen Erwerbstätigen besteht, auswirken. Das heißt also, dass im Bereich Windkraft, Solarenergie & Co. mehr Jobs entstehen werden, als bei den fossilen Energien verloren gehen. Bereits 2018 berechnete das Institut der deutschen Wirtschaft, dass etwa in den zahlreichen Anwendungsbereichen von grünem Wasserstoff fast 500.000 neue Arbeitsplätze entstehen könnten.

Zum Vergleich: Im Kohlebergbau arbeiten derzeit noch 18.000 Personen. Mehr als die Hälfte davon wird jedoch bis 2030 in Rente gehen. Der reale Jobverlust könnte sich also in Grenzen halten. Der Vorteil von Arbeitsplätzen bei den erneuerbaren Energien ist, dass hier auch Stellen im Bereich Wissenschaft, Ingenieurwesen und Beratung entstehen und damit ein vielfältigeres Arbeitsumfeld geschaffen wird. Diese Art von „thematischer Vielfalt" ist in traditionellen Öl- und Gas- oder Bergbauunternehmen weniger verbreitet.

Auch in der Automobilbranche werden summa summarum keine Arbeitsplätze vernichtet: Der Wandel zur Elektromobilität kostet zwar 220.000 Jobs – schaffe aber auch 205.000 neue Arbeitsplätze, laut dem Thinktank „Agora Verkehrswende". Derzeit stammen zum Beispiel die für Elektroantriebe nötigen Batteriezellen größtenteils aus Asien. Wenn man diese Produktion nach Deutschland holt, könnten zusätzliche Jobs geschaffen werden. Volkswagen hat bereits angekündigt, bis zum Ende des Jahrzehnts gemeinsam mit seinen Partnern sechs große Batteriezellen-Fabriken in Europa errichten zu wollen.

Richtig ist aber, dass einige Menschen tatsächlich ihren Job verlieren werden und sich umschulen müssen, das gilt für die jüngeren Kohlekumpels in den noch bestehenden Braunkohle-Revieren sowie für Ingenieure der Verbrennungstechnik. Für fast die Hälfte der heute rund 1,7 Millionen Stellen in der Automobilindustrie und angrenzenden Industriezweigen wird sich das Berufsbild wandeln. Allerdings ist laut Umfragen vor allem im Automobilsektor die Bereitschaft groß, sich weiterzubilden. Richtig ist auch, dass mit dem Kohleausstieg ganze Regionen an Wertschöpfung verlieren, also ein echter Strukturwandel stattfindet. Die noch von der alten Bundesregierung eingesetzte Kohlekommission hat darum in einem 2019 erschienenen Bericht Vorschläge erarbeitet, wie dies sozial abgefedert werden kann. In der Automobilindustrie sind jedoch weniger negative Effekte auf die Region zu erwarten. Leicht profitieren könnten neue Werke in Ostdeutschland, die im Bereich Elektromobilität entstehen.

Echte Anstrengung oder Greenwashing?

Sie stellen Autos her, Mineraldünger oder Beton. Unternehmen emittieren bei der Produktion von Gütern teils große Mengen an Klimagasen. Vielfach ist die Industrie darum in die Kritik geraten. Einige Unternehmen haben sich von selber Klimaziele gesetzt, doch ist es immer ein ernst gemeintes Engagement? Sicher ist: Für eine effiziente Dekarbonisierung braucht man Verbündete auch aus der Wirtschaft.

Oft wird die Wirtschaft, zu der auch die produzierende Industrie gehört, als Gegner*innen im Kampf gegen den Klimawandel angesehen. Schließlich tragen verschiedene energieintensive Wirtschaftszweige zu den Emissionen bei. Aber auch die Produktion von teils unnützen Konsumgütern, die aber von den Produzenten aufwendig beworben werden, gelten als Gift für das Klima. Andererseits wird von verschiedenen Akteure*innen gewarnt, dass die Dekarbonisierung zu einem massiven Verlust an Arbeitsplätzen führen könnte. Allerdings muss dies nicht sein, wie bereits dargelegt (siehe Seite 52).

Rund ein Fünftel (22 Prozent) der Klimagasemissionen stammen aus der Industrie durch Strom- und Wärmeverbrauch. Allerdings sind diese seit 2009 praktisch nicht mehr gesunken beziehungsweise sogar wieder leicht angestiegen. Zwar ist die CO2-Bepreisung (siehe Seite 28) schon ein wichtiges und erfolgreiches Instrument, die Industrie klimafreundlicher zu machen. Bei den größten CO2-Emittenten muss jedoch noch mehr passieren, damit die Industrie einen Beitrag zur Nettonull leisten kann. Ein Drittel des Energiebedarfs für Industrieunternehmen wird derzeit aus Erdgas bezogen, womit sogenannte Prozesswärme oder auch Strom erzeugt wird. 16 Prozent stammen aus Kohle. Andere Energieträger spielen prozentual eine geringere Rolle. So werden derzeit auch nur 16

Prozent an erneuerbaren Energien für die Produktion von Gütern genutzt.

Weil der Gesetzgeber noch zu wenig dafür tut, dass die Wirtschaft nachhaltiger arbeitet, gibt es bereits Klagen gegen Unternehmen, etwa gegen deutsche Automobilhersteller. Diese wurden zwar in erster Instanz abgewehrt, allerdings werden Klagen gegen einzelne Konzerne in Zukunft wohl häufiger vorkommen.

Wichtige Schritte, um die Industrie fit für Nettonull zu machen:

- Effizienz steigern: das heißt, den Energiebedarf für die Produktionsprozesse senken
- Mehr Kreislaufwirtschaft: das bedeutet, andere, zum Beispiel leichtere Materialien einsetzen, Produkte so designen, dass sie langlebig, reparierbar oder recyclingfähig sind
- Umstellung auf neue klimafreundliche Prozesse: etwa mit der Verwendung von grünem Wasserstoff in der Stahlherstellung
- CO2-Emissionen abscheiden, weiterverwenden oder speichern (siehe Seite 31)

Die fünf größten Emittenten benötigen drei Viertel des industriellen Energieverbrauchs für die:

- Herstellung von chemischen Erzeugnissen
- Eisen- und Stahlherstellung und -bearbeitung
- Erdölverarbeitung in den Raffinerien
- Herstellung von Glas, Keramik, Erden, vor allem in der Zementindustrie
- Herstellung von Papier und Pappe

Im Fokus: Die Zementindustrie

Zement ist ein wichtiger Bestandteil von Beton und wird aus Kalkstein und Ton unter mithilfe von Quarz unter extrem hohen Temperaturen hergestellt. Im Jahr 2017 wurden in Deutschland circa 34 Millionen Tonnen Zement produziert und damit rund 20,5 Millionen Tonnen Kohlendioxid in die Atmosphäre freigesetzt. Das entspricht etwa 2 Prozent der gesamten deutschen

Treibhausgasemissionen und rund 10 Prozent der Industrieemissionen. Schon lange wird daran geforscht, wie man das Verfahren klimafreundlicher gestalten könnte. Allerdings wird klimaneutraler Zement sehr teuer und würde auch die Baukosten weiter in die Höhe treiben. Hier braucht es für die Nettonull noch große Anstrengungen der Zementindustrie und klare politische Vorgaben.

Falsche Versprechen oder echter Klimaschutz?

Viele Unternehmen wie Dienstleister, IT-Unternehmen oder Bekleidungs- und Möbelhersteller haben sich freiwillig verpflichtet, Klimagase zu vermeiden oder bei der Produktion entstehende Emissionen zu kompensieren. Doch was dabei leere Versprechungen sind und wo wirklich etwas passiert, ist oft schwer einzuschätzen. Hilfe bietet hier unter anderem der „Corporate Climate Responsibilty Monitor 2022“, bei dem die 25 weltweit größten Firmen von Umweltökonomen*innen unter die Lupe genommen wurden, die CO2-Reduktionen angekündigt haben, darunter Apple, Ikea oder Volkswagen. Dabei schaffen es allerdings nur die dänische Reederei Maersk, die Deutsche Telekom sowie Vodafone wirklich ihre Ziele umzusetzen. In Deutschland haben sich bislang überhaupt nur 20 Prozent der Unternehmen ein Klimaziel gesetzt. Oft wird Geld- oder Personalmangel als Grund genannt, hier nicht aktiv zu werden. Insgesamt sagen aber 84 Prozent der Verantwortlichen für Nachhaltigkeit in deutschen Unternehmen, dass das Thema in letzter Zeit „wichtiger“ oder „viel wichtiger“ geworden sei.

Auch bei nachhaltigen Geldanlagen wie Klimafonds gilt es, auf Greenwashing zu achten. Denn erst kürzlich wurde öffentlich, dass Banken der „Net-Zero Banking Alliance“ (NZBA) weiter Milliardensummen an Firmen, die am Ausbau fossiler Energien arbeiten, vergeben haben, seitdem sich das Bankenkonsortium zur Nettonull verpflichtet hat.

Anleger*innen können zudem oft nicht erkennen, wie grün ein Fonds wirklich ist, monieren Verbraucherschützer*innen immer wieder. Teilweise sind zum Beispiel Unternehmen im Portfolio von Klimafonds, die weiterhin Energie aus fossilen Quellen beziehen. Dabei ist klar: Weitere Investitionen in fossile Energien sind mit dem 1,5-Grad-Ziel nicht vereinbar. Wichtig ist darum eine gute Beratung, bevor man in Klimafonds investiert.

Klima. Eine Zeitreise

Bereits in vorindustriellen Zeiten könnten Klimaveränderungen auf das Konto des Menschen gehen. Doch die Klimawandelforschung setzte erst im 19. Jahrhundert mit der Entdeckung des Treibhauseffektes ein. Bis Mitte des 20. Jahrhunderts wurde die Klimaerwärmung auch nicht als Problem verstanden. Erst in den 1970er-Jahren kam das Thema auf die politische Agenda. Im Folgenden die wichtigsten Etappen von der Kleinen Eiszeit bis heute.

1400 bis circa 1850 Kleine Eiszeit: Klimaphase, die durch starke Temperaturrückgänge in allen Jahreszeiten sowie Gletschervorstößen in den Alpen gekennzeichnet ist.

1640 Der flämische Alchimist Johan Baptista van Helmolt entdeckt, dass die Luft aus einem Gasgemisch besteht. Weiter erkennt er: Wird Holz verbrannt, entsteht viel Kohlendioxid.

1800 bis 1870 Im 19. Jahrhundert findet die erste industrielle Revolution statt. Es werden Kohle zur Energiegewinnung verfeuert, Bahnstrecken gebaut und Wälder gerodet.

1824 Der französische Mathematiker und Physiker Jean Baptiste Fourier gilt als Pionier der Klimawandelforschung. Er stellt fest, dass Spurengase in der Atmosphäre die Sonneneinstrahlung speichern, also das Klima auf der Erde erwärmen. Ohne diese Luftschicht wäre der Planet wesentlich kälter. Er kann aber noch nicht erklären, welche Substanz hier die tragende Rolle spielt.

1856 Welches Gas genau in der Atmosphäre für den Treibhauseffekt verantwortlich ist, findet die US-amerikanische Forscherin Eunice Newton Foote heraus. Sie schließt aus ihren Experimenten, dass die Erdatmosphäre umso heißer sein müsse, je mehr Kohlendioxid sie enthält.

Die zweite industrielle Revolution beginnt. Es können nun mit- **1870 bis 1910**
hilfe von Mineralstoffdüngern mehr Lebensmittel produziert werden, was zu einem rascheren Bevölkerungswachstum führt. Auch andere Chemikalien und die Nutzung von Elektrizität führen zu wirtschaftlichem Fortschritt und steigenden Konzentrationen an Kohlendioxid.

Der schwedische Forscher und Nobelpreisträger Svante **1896**
Arrhenius berechnet, dass eine Verdopplung des CO2-Gehalts der Atmosphäre zu einer Temperaturerhöhung um 4 bis 6 Grad Celsius führen könnte. Er stellt zudem fest, dass das Verbrennen von Kohle die Erde erwärmen wird und dass ein Teil des Kohlendioxids von den Ozeanen aufgenommen werden könnte.

Der US-amerikanische Meteorologe J. B. Kincer entdeckt unge- **1934**
wöhnliche Erwärmungstrends. Der britische Kohle-Ingenieur Guy Stewart Callendar führt diese Entwicklung im Jahr 1938 auf erhöhte Kohlendioxidmengen in der Atmosphäre zurück.

In Deutschland ist es der Meteorologe Hermann Flohn, der die **1941**
zunehmende CO2-Konzentration seit Ende des 19. Jahrhunderts auf den Menschen zurückführt. Er findet jedoch erst nach dem Zweiten Weltkrieg international Gehör.

Der Chemiker Charles Keeling initiiert kontinuierliche Messun- **1958**
gen der atmosphärischen CO2-Konzentration auf Hawaii, die bis heute genutzt werden, um zeitliche Trends zu erfassen.

Der wissenschaftliche Beirat des US-Präsidenten warnt vor einem **1965**
möglichen anthropogenen Klimawandel und dessen Folgen.

ab 1977 Hauseigene Wissenschaftler des Öl- und Gaskonzerns Exxon weisen ab diesem Zeitpunkt immer wieder auf die Gefahren des Klimawandels hin. Doch der Konzern ignoriert diese Warnungen und leugnet den menschengemachten Klimawandel. Mithilfe von Exxon wird die „Global Climate Coalition“ ins Leben gerufen, um die Wissenschaft hinter dem Klimawandel in Zweifel zu ziehen. Exxon trägt auch dazu bei, dass die US-Regierung im Jahr 1998 nicht das Kyoto-Protokoll unterzeichnet.

1979 Die erste Weltklimakonferenz findet statt. In den Jahren 1980, 1983 und 1985 folgten Arbeitstreffen in Villach, Österreich. Seit 1985 wird dann die Klima-Problematik auch auf politischer Bühne thematisiert.

Eine UN-Sachverständigenkommission veröffentlicht ihren auch als Brundtland-Bericht bekannt gewordenen Zukunftsbericht „Unsere gemeinsame Zukunft“. Dieser beeinflusst die internationale Debatte über Entwicklungs- und Umweltpolitik maßgeblich.

1988 Gründung des Weltklimarats (IPCC)

1990 Der erste IPCC-Bericht wird veröffentlicht.

1992 Erste Umweltkonferenz in Rio mit „Erklärung der Generationen-Gerechtigkeit“ sowie den nachfolgenden „Agenda-Prozessen“

1997 Das Kyoto-Protokoll wird vereinbart, tritt aber erst 2005 in Kraft.

2000 Unter der rot-grünen Regierung wird das Erneuerbare-Energien-Gesetz (EEG) ins Leben gerufen.

2005 In der EU startet der Emissionshandel.

2015 Auf der Klimakonferenz in Paris wird das 1,5-Grad-Ziel formuliert. Das Pariser Abkommen tritt 2016 in Kraft.

Die 15-Jährige Schülerin Greta Thunberg beginnt mit ihren Schulstreiks vor dem schwedischen Parlament, um die Politik zum Handeln zu bewegen. **2018**

Die Klimabewegung Extinction Rebellion gründet sich in Großbritannien.

Die Fridays-for-Future-Bewegung tritt in Erscheinung. Sie ist eine soziale von Schüler*innen und Studierenden initiierte Bewegung, die sich an den Streiks von Greta Thunberg orientiert. Sie fordern die schnelle und konkrete Umsetzung von Klimazielen. **2019**

Der US-Forscher Syukuro Manabe und der deutsche Forscher Klaus Hasselmann erhalten den Physik-Nobelpreis für ihre wegweisenden Klimamodelle in großen Supercomputern. Hasselmann ist ehemaliger Direktor des Max-Planck-Instituts für Meteorologie. Er ist zudem Mitautor mehrerer IPCC-Berichte. **2021**

Der sechste Weltklimabericht des IPCC wird veröffentlicht. **2022/2023**
Die Letzte Generation, eine weitere Gruppe der Klimabewegung wird gegründet und klebt sich unter anderem auf Straßen fest, was ihnen den Namen „Klima-Kleber“ einbringt.

Alternative Lebensmittel

Ob „Muckefuck“ (Getreidekaffee), „Falscher Hase“ (Hackbraten) oder Margarine, Menschen waren schon immer erfinderisch, wenn es darum ging, knappe Lebensmittel zu imitieren. Heute boomt das Ersatzprodukt: Und so werden von sogenannten Food-Start-ups nicht nur Fleisch- und Milchprodukte aus Pflanzen oder Zellkulturen nachgebaut, auch für weitere, weniger umweltfreundliche Lebensmittel gibt es bereits Imitate. Andere Food-Start-ups retten Lebensmittel.

Das Ei, das ohne Huhn auskommt

Viele Unternehmen und Start-ups basteln mit Hochdruck daran, ein hochwertiges Ersatzprodukt hinzubekommen. Die Entwickler*innen in den Fake-Ei-Start-Ups nutzen wegen der besseren Klimabilanz hauptsächlich Hülsenfrüchte als Grundzutat. Beim Berliner Start-up „Perfeggt“ rechnet man vor, dass ihr Produkt 85 Prozent weniger CO2-Emissionen bei der Produktion verbrauche als ein herkömmliches Hühnerei.

Fleisch aus dem Labor

Der Vorteil von Fleisch aus dem Labor: Es ist echtes Fleisch, es wird von tierischen Stammzellen gezüchtet, schmeckt darum sehr authentisch und ist auch in Sachen Nährstoffe nahe am Original. Vor allem in Israel ist die Start-up-Szene groß. In der Europäischen Union sind solche Produkte wegen der Novel-Food-Ordnung – die besagt, dass Lebensmittel, die vor dem Jahr 1997 nicht traditionellerweise in der Europäischen Union konsumiert wurden, ein langwieriges Zulassungsverfahren durchlaufen müssen – nicht im Handel. Die Hightech-Methode ist derzeit noch sehr energieintensiv und nicht ausgereift. Möglicherweise wird durch technischen Fortschritt die Herstellung effizienter und der Energieeinsatz gesenkt. Falls nicht, wäre Laborfleisch nur mithilfe von Ökostrom klimafreundlicher als das Original.

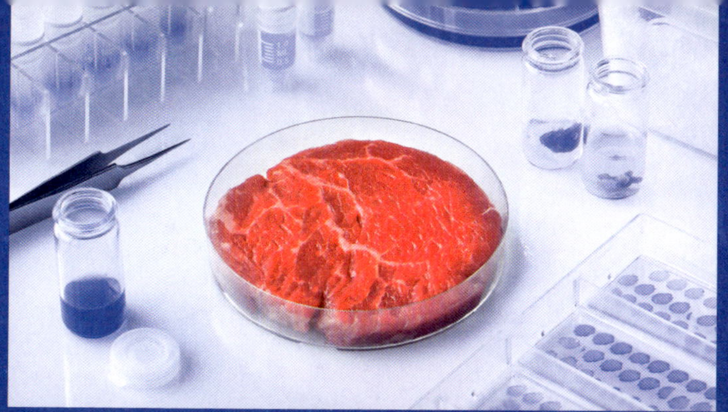

Insekten statt Shrimps

Insekten sind in vielen Ländern der Welt eine Delikatesse. Bei uns erfreuen sie sich kaum an Beliebtheit. Dabei ist die Produktion von Insekten sehr effizient, zudem begnügen sie sich mit allerlei Abfällen, wie Biertreber, Holzspäne oder Klärschlamm. Im Schnitt haben Insekten einen CO2-Ausstoß von 1,5 Kilogramm CO2-Äquivalenten pro Kilogramm und sind damit klimafreundlicher als die meisten anderen tierischen Lebensmitteln.

Alkoholika mit Heiligenschein

In San Francisco mixt die Firma „Endless West" Whiskey, Sake oder italienischen Wein aus pflanzlichen Biomolekülen zusammen. Bei der Produktion der Alkoholika sollen 40 Prozent weniger Kohlendioxid emittiert werden als beim jeweiligen Original.

Rettet die Lebensmittel!

Einige Start-ups haben sich dem Kampf gegen Lebensmittelverschwendung verschrieben, so etwa „Too Good To Go", wo man über eine App bei Cafés oder Bäckereien vor Ladenschluss Lebensmittel oder ganze Speisen billiger bekommt. Das Start-up „etepetete" rettet krummes Obst und Gemüse, das wegen kleiner Makel im Supermarkt schwer verkäuflich ist. Wäre die Lebensmittelverschwendung ein Land, wäre es laut Welternährungsorganisation „FAO" der drittgrößte CO2-Emittent der Welt.

Die Nettonull und die Kosten

Klimaschutz wird oft mit Verzicht und Wohlstandsverlust assoziiert. Dabei wird vergessen, dass Nichtstun und damit starke Temperaturanstiege viel teurer werden als Investitionen in Richtung Nettonull. In jedem Fall müssen die Kosten von Klimaschutzmaßnahmen sozial abgefedert werden.

Als Exportnation wächst unsere Wirtschaft seit Jahren und beschert den meisten Deutschen auch mehr Wohlstand. Vor allem Autos, Maschinen sowie chemische Erzeugnisse tragen zu unserer Prosperität bei. Ein Umstieg auf erneuerbare Energien und alternative Treibstoffe war und wird heute oft noch mit der Vorstellung verbunden, dass wir uns mit der Verpflichtung zur Nettonull ruinieren werden, dass Klimaschutz Armut und Verzicht für jeden Einzelnen bedeuten würde.

Das stimmt jedoch nicht. Investitionen in Klimaschutzmaßnahmen wären erheblich teurer als die Folgen von starken Temperaturerhöhungen. So rechnete beispielsweise das US-amerikanische „National Bureau of Economic Research" 2019 vor, dass sich ohne Gegenmaßnahmen und bei einem durchschnittlichen globalen Temperaturanstieg von 0,04 Grad Celsius pro Jahr das globale Bruttoinlandsprodukt (BIP) bis zum Jahr 2100 um 7,22 Prozent reduzieren könnte. Denn Waldbrände, Dürren und Hochwasser könnten die Infrastruktur beschädigen sowie Lieferketten unterbrechen. Die Nachfrage nach Gütern, die nicht lebensnotwendig sind, würde weltweit sinken. Auch käme es zu hohen Kosten im Gesundheitssystem. Wenn jedoch die Temperaturanstiege bei 0,01 Grad pro Jahr liegen würden, wie es das Pariser Klimaabkommen vorsieht, käme es nur zu einem BIP-Verlust von 1,07 Prozent bis zum Ende des Jahrhunderts.

Eng verbunden mit der Frage nach den Kosten ist auch die soziale Frage. Denn zu Recht wehren sich Menschen an der Armutsgrenze, etwas für den Klimaschutz abzugeben, wenn zum

Monatsende oft nichts übrig bleibt. Darum sind sich Umweltökonomen einig, dass CO2-Investitionen sozial abgefedert werden müssen. So wäre es laut dem Forschungsinstitut „World Inequality Lab" der gerechteste und effektivste Weg zu globalem Klimaschutz, wenn die Superreichen entsprechend besteuert würden. Schließlich verursachen reiche Menschen im Durchschnitt wesentlich mehr CO2-Emissionen pro Kopf, zudem werden sie weniger starke finanzielle Verluste hinnehmen müssen.

Eine weitere Möglichkeit: Der deutsche Staat oder die Europäische Union könnten eine Klimadividende einführen. Das heißt: Jede emittierte Tonne Treibhausgas kostet sektorenübergreifend etwas, bislang gibt es einen CO2-Preis ja nur für einzelne Branchen. Der Staat sammelt damit von allen Beteiligten Geld ein, die Klimagase verursachen. Somit würde erstmal alles ein bisschen teurer, die Unternehmen würden aber klimafreundliche Alternativen wählen, weil diese weniger kosten. Der Staat würde die Einnahmen in gleichen Teilen an jede Bundesbürgerin und jeden Bundesbürger auszahlen. Das heißt, diejenigen, die einen geringen CO2-Abdruck haben, bekommen sogar Geld zurück, und das sind alle außer den wirklich wohlhabenden Menschen, die meist ein sehr hohes Konsumniveau haben.

Klassenletzter

Im Verkehrssektor ist bislang wenig geschehen, um die Klimaemissionen zu senken. Dabei gelten auch in Sachen Mobilität Minderungsziele für 2030 und 2045. Die Politik muss hier aktiv werden. Denn es gibt viele Möglichkeiten, den Verkehr für die Zukunft fit zu machen, ohne die Bewegungsfreiheit von Menschen extrem einzuschränken

Wer von A nach B will hat viele Möglichkeiten: Fahrrad, Pkw, Motorrad, öffentlicher Nahverkehr, Bahn, Schiff oder Flugzeug. Zudem werden Güter auf Lkw, Güterzügen, per Containerschiff oder Flieger transportiert. Vor allem Kerosin, Diesel und Benzin sind CO_2-relevant, der Antrieb mittels Erdgases emittiert etwas weniger, während bei Bahnfahrten immerhin 70 Prozent Ökostrom zum Einsatz kommt. Der Verkehrssektor hat derzeit einen Anteil von 20 Prozent am deutschen CO_2-Gesamtausstoß. Vor allem auf das Auto entfallen 64 Prozent der Straßenverkehrsemissionen. 27 Prozent der Emissionen im Straßenverkehr entstehen durch Lkw und Busse. Insgesamt macht der Straßenverkehr mehr als 70 Prozent der Verkehrsemissionen aus. Je rund 15 Prozent an den gesamten Verkehrsemissionen fallen bei Flügen und Schiffen an, weniger als 1 Prozent bei der Bahn.

Die schlechte Nachricht: Der Verkehr ist der einzige Sektor, der seit 1990 seine Emissionen nicht gesenkt hat. Das hat diverse Gründe. So hat etwa die Fahrleistung gerade bei Lkw drastisch zugenommen und Privatpersonen kaufen immer größere und stärkere Pkw, Stichwort: SUV, was Verbesserungen bei der Effizienz von Fahrzeugen in den letzten Jahren zunichte macht. Gleichsam fahren immer mehr Autos auf den Straßen: Derzeit sind rund 48,5 Millionen Pkw in Deutschland zugelassen. Knapp 6 Millionen mehr als vor 10 Jahren. Staatliche Investitionen in die Bahn-Infrastruktur fallen derweil mau aus: Im Jahr 2021 waren es 124 Euro pro Bürger, während die Investitionen in der Schweiz 413 Euro und in Luxemburg

sogar 607 Euro betrugen. Um die Verkehrswende voranzubringen, werden verschiedene Maßnahmen diskutiert. Ein Tempolimit von 120 Kilometer pro Stunde auf Autobahnen und 80 Kilometer pro Stunde auf Landstraßen könnte laut neuen Berechnungen des Umweltbundesamts bis zum Jahr 2030 rund 47 Millionen Tonnen Kohlendioxid einsparen. Das ist mehr als bisher gedacht. Es gilt auch als schnell wirksames und kostengünstiges Instrument, um Treibhausgase im Verkehrssektor einzusparen. Zudem gäbe es weniger Verkehrsunfälle und eine geringere Lärmbelästigung.

Auch eine veränderte Besteuerung von Fahrzeugen wäre ein möglicher Hebel. Derzeit sind etwa Dieselfahrzeuge steuerbegünstigt, was kontraproduktive Kaufanreize für diesen fossilen Antrieb setzt. Auch die Dienstwagensteuer könnte umgestaltet werden. Denn derzeit profitieren davon vor allem Menschen mit hohem Einkommen. Zudem verhindern die dadurch verringerten Fahrtkosten, dass öffentliche Verkehrsmittel genutzt werden. Kerosin ist sogar gänzlich steuerbefreit. Eine Besteuerung würde Flüge verteuern und damit die immens klimaschädlichen Flugreisen reduzieren. Gleichzeitig wäre eine Förderung von umweltfreundlichen Elektroantrieben (vor allem auch bei Lkw) und E-Fuels sinnvoll.

Was sind eigentlich E-Fuels?

E-Fuels sind synthetische Treibstoffe, die man mithilfe von Strom aus Wasser und Kohlendioxid herstellen kann. Der Vorteil: Man kann diese in Verbrennungsmotoren nutzen. Wichtig wären diese in der Zukunft für Flugzeuge, da die sich nur schwer elektrifizieren lassen. Ein weiterer synthetischer Kraftstoff ist Diesel HVO. Dieser kann aus Plastikmüll hergestellt werden.

Nur elektrisch geht's!

Ein Elektroauto spart über seinen Lebenszyklus gerechnet rund 80 bis 40 Prozent an Treibhausgasen im Vergleich zu einem Benziner der gleichen Klasse ein. Dies ist abhängig vom Anteil an Ökostrom, der bei der Herstellung und an der Ladesäule verwendet wird. Für eine Verkehrswende ist aber auch eine Reduktion der Pkw mit Verbrennungsmotor sowie ein weiterer Ausbau des Güterverkehrs und des öffentlichen Nahverkehrs nötig.

Das Elektroauto gilt als Schlüsselfaktor für eine effektive Verkehrswende, als größter Hebel für Klimagasreduktionen im Sektor Mobilität. Oft wird jedoch suggeriert, dass es damit getan ist, wenn nun einfach jeder Verbrenner durch ein Elektroauto ersetzt würde. Förderprämien erleichtern den Umstieg. Tatsächlich stiegen die Zulassungszahlen im Bereich Elektromobilität seit 2020 rasant. Dennoch lag der Anteil der Elektroautos am Gesamtfahrzeugbestand in 2022 nur bei rund 2 Prozent, also bei 970.000 zugelassenen Pkw. Bis 2030 sollten laut Klimazielen 15 Millionen Elektroautos auf den deutschen Straßen ihre Bahnen ziehen.

Allerdings ist dies eben nicht die einzige Lösung, wir brauchen zudem weniger Autos insgesamt sowie mehr öffentlichen Nahverkehr und Güterverkehr auf der Schiene. Zwar hat das Elektroauto viele Vorteile: kein CO2-Ausstoß im Betrieb, wenn es mit Ökostrom betankt wird, sowie eine geringere Lärmbelastung oder weniger Abgase, die die Stadtluft verschmutzen könnten. Allerdings entstehen auch bei der Produktion des Pkw Emissionen, für Stahl, Eisen, Leichtmetalle und Kunststoffe. Laut der Umweltorganisation „Transport & Environment" spart ein Elektro-Mittelklassewagen, wenn die Batterie in Nordeuropa produziert und mit grünem Strom betrieben wird, über seine Lebenszeit gegenüber einem vergleichbaren Benziner 80 Prozent der CO2-Emissionen

Es bleibt jedoch das Problem, dass die Herstellung der Batterie viel Energie benötigt: Wenn diese aus Kohle stammt, geht die Ökobilanz des Wagens gehörig in den Keller. Im Worst-Case-Szenario, wenn die Batterien in China mit Kohle hergestellt werden und das Auto in einem Land fährt, das kaum Ökostrom zur Verfügung hat, dann sinkt der CO2-Verbrauch im Vergleich zum Verbrenner nur um 37 Prozent. Elektroautos verbrauchen bei ihrer Herstellung zudem wertvolle Ressourcen, vor allem Aluminium, Kobalt, Nickel, Mangan, Kupfer, Lithium und Graphit. Deren Abbau hat weitreichende soziale und ökologische Konsequenzen, etwa Wassermangel. Wichtig ist darum, dass hohe Umwelt- und Sozialstandards für die Produktion der Batterien gelten, wie dies in der Europäischen Union der Fall ist.

Für eine Verkehrswende ist also das Elektroauto ein guter Anfang. Aber erst wenn dieses auch nur für nötige Fahrten und von mehreren Personen, Stichwort „Carsharing", genutzt wird profitiert das Klima. Werden dann auch andere Weichen in der Verkehrswende für mehr Mobilität gestellt, hat das auch positiven Einfluss auf andere Umweltbereiche wie die Luftverschmutzung in den Städten.

Warmes Heim, Glück allein?

Viele Gebäude in Deutschland sind schlecht isoliert und haben einen hohen Energiebedarf, was das Heizen anbelangt. Großteils wird auch mit Gas beziehungsweise Öl geheizt oder Warmwasser erzeugt, weil fossile Energien bislang billig waren. Für die Wärmewende müssten also viele Heizkessel ausgetauscht, auf erneuerbare Energien umgestiegen sowie Gebäude gedämmt werden. Dafür stellt der Staat Fördergelder zur Verfügung.

Wir verbringen rund 80 bis 90 Prozent unserer Lebenszeit in Innenräumen, also in den eigenen vier Wänden oder in der Kita, der Schule, im Büro. Hier will man sich wohlfühlen, darum sind Eingriffe in diese Bereiche unpopulär. Allerdings stammen 15 Prozent der deutschen CO2-Emissionen aus dem Gebäudesektor und auch dieser muss laut Gesetz bis 2045 dekarbonisiert werden. Das heißt: Strom, Heizung und Warmwasser in Gebäuden müssen in Zukunft klimafreundlicher erzeugt werden, etwa indem Eigentümer auf erneuerbare Energiequellen umsteigen. Das kann die eigene Solaranlage auf dem Dach sein, der Ökostrom-Vertrag, die Fernwärmeheizung oder die viel diskutierte Wärmepumpe. Auch die Effizienz von Heizkesseln, Klimaanlagen oder Elektrogeräten muss verbessert werden, hier ist also gute Ingenieursleistung gefragt. Bei all dem sollten die Häuser gut gedämmt und Fenster sowie Türen abgedichtet sein, ohne allerdings die Raumluft so zu verschlechtern, dass Schimmel entsteht und das traute Heim zur Gesundheitsgefahr wird. Nicht vergessen darf man, dass in Zukunft auch mehr Klimaanlagen vonnöten sein werden, um gerade älteren Menschen Hitzesommer erträglich zu machen. Auch der kommunale Gebäudebestand, also Behörden, städtische Schulen und Bäder oder Sportstätten sowie gewerbliche Gebäude müssen saniert werden. Das Ganze ist mal wieder komplex, die Wärmewende ist kein Kinderspiel.

Derzeit stammt rund die Hälfte unserer Heizenergie in Wohngebäuden nämlich aus Erdgas, 25 Prozent aus Öl und damit zum Großteil aus fossilen Quellen. Nur 14 Prozent der Gebäude werden mit Fernwärme beheizt und jeweils wenige Prozent entfallen auf strombasierte Heizsysteme sowie Solaranlagen, Holzpellet-Öfen oder Wärmepumpen. Ein Viertel der Ein- und Zweifamilienhäuser sind zudem extrem schlecht gedämmt oder werden mit ineffizienten Heizsystemen versorgt, das heißt, sie haben einen Energieverbrauch von mehr als 250 Kilowattstunden pro Quadratmeter und Jahr. Dies ist den bislang günstigen Energiepreisen zu verdanken. Allerdings wird durch den stetig steigenden CO2-Preis auch die fossile Energie immer teurer, daher lohnt es sich, in eine neue Energieversorgung zu investieren. Der Staat hält hierfür Fördergelder bereit.

Von der Politik fordern Wissenschaftler*innen neben einer sozialverträglichen Förderung von Eigentümern und Entlastungen von Mietern für klimaschützende Sanierungen, dass Wärmenetze stärker ausgebaut werden. Hier sind vor allem auch die Kommunen gefragt. Bislang werden Fernwärmenetze häufig von gasbetriebenen Blockheizkraftwerken gespeist. An ihre Stelle könnten große Wärmepumpen treten, die Wärme aus Erdwärme, Fluss- oder Seewasser, Industrieabwässern oder Grubenwasser gewinnen.

Sorge um das liebe Vieh

In der Landwirtschaft entstehen erhebliche Mengen an Klimagasen, neben Kohlendioxid sind das Methan und Lachgas. Vor allem die Tierhaltung ist ins Visier von Klimaschützern und Klimaschützerinnen geraten, da hier besonders viele Treibhausgase entstehen. Um Emissionen in diesem Sektor zu senken, müsste der Nutztierbestand reduziert werden, aber auch der Ackerbau hat das Potenzial ressourcenschonender zu werden.

Der Sektor Landwirtschaft ist einerseits erheblich vom Klimawandel betroffen, so führen die Zunahme von Wetterextremen sowie das Einwandern neuer Schädlinge zu Produktionsausfällen. Tatsächlich fördert ein mehr an Kohlendioxid in der Atmosphäre erstmal das Pflanzenwachstum, wenn jedoch andere Stressfaktoren wie Hitze oder Wassermangel stärker werden, hemmt das wiederum den Pflanzenwuchs und reduziert damit die Ernte. Allerdings trägt die derzeitige landwirtschaftliche Produktionsweise zur Entstehung der Überhitzung des Planeten bei. So macht der Sektor in Deutschland 8 Prozent des gesamtdeutschen CO2-Ausstoßes aus. Das klingt erstmal wenig. Hier fehlen allerdings Emissionen, die bei dem Betrieb landwirtschaftlicher Maschinen sowie beim Beheizen und Kühlen von Ställen entstehen. Rechnet man die beiden Aspekte hinzu, trägt der Sektor Landwirtschaft zu 14 Prozent zum deutschen CO2-Budget bei.

Doch auch diese Zahlen offenbaren noch nicht die ganze Wahrheit. Hier sind keine Klimagase eingerechnet, die etwa entstehen, wenn aus einem Regenwald in Übersee eine Öl- oder Sojaplantage oder eine Mastanlage für Rinder wird und diese Produkte als Futter- oder Lebensmittel nach Deutschland importiert werden. Die gesamte Lebensmittelproduktion vom Acker bis auf den Teller ist mit bis zu einem Drittel an den weltweiten Klimagasemissionen beteiligt.

Vor allem bei der Produktion von Rindfleisch entstehen erhebliche Mengen an Treibhausgasen wie Methan. Denn in Rindermägen wird Methangas bei der Verdauung der pflanzlichen Nahrung gebildet, das den Tieren vor allem als Rülpser entweicht. Bei der Produktion von Kraftfutter, das auch im Schweine- und Hühner-Trog landet, werden weitere Klimagase ausgestoßen. Kraftfutter besteht zum Teil aus Soja. Soja kommt meist aus Übersee, wo im schlimmsten Fall für den Anbau Regenwälder abgeholzt werden. Zwar stammt der Großteil des Viehfutters für die hiesige Produktion aus Deutschland. Neben Soja wird auch Mais, Weizen, Raps und Gras an Tiere verfüttert. Allerdings entstehen sowohl bei der Herstellung von Dünger und Pflanzenschutzmitteln für Futtermittel als auch bei der Ausbringung wiederum Klimagase, vor allem Kohlendioxid und Lachgas. Zudem werden Tierexkremente zu Lachgas zersetzt.

Enkeltaugliche Landwirtschaft

Klar ist, dass auch hier ein Wandel einsetzen muss. Zugleich müssen wegen des Bevölkerungswachstums in Zukunft mehr Nahrungsmittel produziert werden. Im Gegensatz zu anderen Sektoren wird man diesen Bereich jedoch nie komplett dekarbonisieren können, da Tiere als Lebewesen immer eine schlechte CO2-Bilanz haben. Allerdings wäre schon viel erreicht,

Rinder auf der Weide haben meistens eine bessere Umweltbilanz.

wenn man die Anzahl der Nutztiere in Deutschland oder noch besser EU-weit halbieren und Weidehaltung fördern würde.

Aber auch beim Ackerbau müssen Weichen hin zu einer Ernährungswende gestellt werden. Regenwald wird etwa auch für Kaffee, Kakao oder Palmöl gerodet, um neue Plantagen zu errichten. Durch den Import dieser Produkte sind die EU-Staaten laut „World Wildlife Fund For Nature“ (WWF) für 16 Prozent der globalen Regenwald-Abholzung verantwortlich. Auch beim Reisanbau entsteht verhältnismäßig viel Methan.

Um den Anbau von Nahrungsmittelpflanzen klimafreundlicher zu gestalten, gibt es viele Möglichkeiten:

- Die **Präzisionslandwirtschaft** kann mithilfe von digitalen Systemen wie Feldrobotern Dünger und Pestizide einsparen. Das Verfahren verhindert zudem durch den präziseren Düngeeinsatz und die damit verbundene Ertragssteigung die Ausweitung von Landwirtschaft auf Ökosysteme, die Klimagase binden.

- **Agroforstsysteme**, wo etwa Nutztiere auf Streuobstplantagen grasen oder große Bäume kleinere Ackerpflanzen beschatten, sind wenig CO2-intensiv.

- Eine **klimafreundliche Bodenbearbeitung** etwa mittels Fruchtfolgen fördert Humusaufbau und damit eine Speicherung von Kohlendioxid.

- **Blühstreifen** entlang von Äckern sind auch für das Klima gut, da die Gräser und Blumen untergepflügt werden und damit zum Humusaufbau beitragen.

- Die **Wiedervernässung von Feuchtgebieten**, um darauf Landwirtschaft (Paludikultur) zu betreiben, gilt als klimafreundlich. Moore speichern 30 Prozent des weltweiten Bodenkohlenstoffs, werden sie trockengelegt, entweichen kontinuierlich Klimagase.

Bei einer Wiedervernässung können Treibhausgasemissionen reduziert werden, weil der im Moorboden enthalten Torf erhalten oder sogar aufgebaut wird. Torf ist das Material, das besonders gut Kohlendioxid speichert. Derzeit werden auf diese Weise vor allem Rohstoffe wie Schilfrohr, Gräser oder Schwarzerlen für die Bau- und Möbelindustrie oder Biomasse für die Energieerzeugung produziert. Aber auch eine extensive Tierhaltung von Wasserbüffeln ist auf wiedervernässten Mooren möglich. Die Flächen sind wegen des feuchten Bodes nicht so leicht zu bewirtschaften wie Felder. Bislang sind darum nur wenige Landwirte bereit, auf diese klimafreundliche Methode umzusatteln.

- Genschere: Mithilfe einer speziellen Form der **Gentechnik** kann man hitze- und trockentolerante Ackerpflanzen züchten, damit Ernten steigern und weniger Ackerfläche beanspruchen, was wiederum die Emissionen senkt.

- **Vertikale Landwirtschaft**: Wenn Getreide und Gemüse in speziellen Hochhäusern anstatt auf dem Feld wachsen, spricht man von Vertikaler Landwirtschaft. Die Erträge sind in den riesigen, mehrstöckigen Gewächshäusern teils 6000-mal höher als auf dem Acker. Zudem braucht man keine Pestizide, da pathogene Keime fast immer aus dem Boden übertragen werden. Und das Wasser kann zu 90 Prozent über die Verdunstung wieder in den Kreislauf zurückgeführt werden. Der Haken dabei: der immens hohe Energieverbrauch durch Beleuchtung und Klimatisierung. Das System wäre also nur mit Ökostrom klimafreundlich.

- **Aquaponik**: Dies ist ein Kreislaufsystem, bei dem Gemüseanbau mit Fischzucht verbunden wird. Solche Anlagen können also vollkommen unabhängig von natürlichen Gewässern überall installiert werden, etwa in der Stadt. Die Exkremente der Fische dienen direkt als Dünger, was Kohlendioxid einspart, aber auch die Nähe zu den Verbrauchenden macht lange Transportstrecken obsolet.

Vegan für alle

Vegane Ernährung ist für sich besehen sehr klimafreundlich. Dennoch taugt das Ideal nicht als weltweite Lösung für alle. Einerseits gibt es viele landwirtschaftliche Flächen, die man nicht als Acker verwenden kann. Und wenn mehr Mineraldünger hergestellt wird, weil Tierdung fehlt, verschlechtert das wiederum die Klimabilanz. Die beste Form der Landwirtschaft ist darum eine, die auf eine stark reduzierte Tierhaltung und viel Ackerbau gleichermaßen setzt.

Wer sich hierzulande vegan ernährt, könnte seinen Klimafußabdruck laut der Umweltorganisation „World Wildlife Fund For Nature" (WWF) fast halbieren. Denn in der Landwirtschaft stammt ein Großteil der Klimagase aus der tierischen Produktion. Teilweise wird die vegane Landwirtschaft darum als erstrebenswertes Szenario für eine klimafreundliche Zukunft propagiert.

Vollständig auf Viehhaltung zu verzichten, wäre laut der Umweltorganisation Greenpeace jedoch nicht nachhaltig. Denn Rinder können auf Grünflächen gehalten werden, auf denen kein Ackerbau möglich ist, etwa auf steilen Hängen. In Deutschland gibt es beispielsweise 5 Millionen Hektar Grünland, das am sinnvollsten über den Magen von Rindern genutzt werden kann. Aber auch in der Mongolei oder der Subsahara wird Viehzucht auf Flächen betrieben, die sich kaum zum Ackerbau eignen.

Zudem würde bei veganem Anbau der natürliche Dünger aus Gülle, Dung und Hornmehl fehlen, dieser müsste künstlich hergestellt werden, was viel Energie verbraucht. Die sogenannte „bio-vegane Landwirtschaft" verzichtet darum auf künstlichen Dünger und versucht über Kompostieren, Vergären und Mischkulturen mit Hülsenfrüchten Nährstoffe in die Böden zu bekommen.

Ein weiterer Minuspunkt der veganen Landwirtschaft: Nebenprodukte der pflanzlichen Lebensmittelerzeugung wie Stroh,

Trester oder Blätter blieben in einer veganen Landwirtschaft ungenutzt. Derzeit landen sie im Tierfutter, sie enthalten wichtige Nährstoffe wie Stickstoff und Phosphor. Laut Studien der Technischen Universität München entstehen bei der Produktion von 1 Kilogramm Pflanzenkost, 4 Kilogramm für Menschen nicht essbare Masse. Das wäre insofern ein Problem, wenn diese Reststoffe emissionsreich verbrannt würden. Zudem ist pflanzliche Nahrung weniger nährstoffhaltig, man müsste also mengenmäßig mehr anbauen und verzehren, um seinen Bedarf zu decken. Auch das hätte wiederum etwas mehr CO2-Emissionen zur Folge, vor allem wenn der Anbau mithilfe von Pestiziden und mineralischem Dünger in Monokulturen stattfände.

Eine vegane Landwirtschaft wäre zwar besser für die Umwelt als die derzeitige fleischlastige Produktionsweise. Dennoch ist eine vegetarische Welternährung mit einer reduzierten Tierhaltung das Nonplusultra. Dafür müsste es aber Umschulungen und Entschädigungszahlungen für die betroffenen Bauern geben.

Apfelplantage unter Solaranlagen

Die Kombination von Stromerzeugung und landwirtschaftlicher Nutzung wird Agri-Photovoltaik genannt. Diese entschärft die Flächenkonkurrenz und bietet den Kulturen und Nutztieren Witterungsschutz.

Wenn auf Feldern Lebensmittel angebaut und gleichzeitig Sonnenenergie geerntet wird, spricht man von Agri-Photovoltaik. Hier können also etwa Apfelbäume, Beerensträucher und Kartoffelpflanzen zwischen Solarpanels wachsen oder Schafe darunter im Schatten grasen. Dies wäre ein Kompromiss, damit großflächig Solarparks entstehen, darunter aber nicht die Landwirtschaft leiden muss. Dabei gibt es verschiedene Varianten, etwa bodennahe oder hoch aufgeständerte Module. Andere sind mit Gewächshäusern kombiniert, in denen Obst, Gemüse, Fisch oder Algen gepäppelt werden. Die Module können teils gesteuert und verschieden ausgerichtet werden.

Die Vorteile:

- Schutz vor Hagel und Frost: Im Obstbau braucht es riesige Netze, um Plantagen im Frühjahr, wenn die Pflanzen blühen, vor Hagel zu schützen.
- An heißen Tagen bieten die Panels Schatten etwa für grasendes Vieh oder lichtempfindliche Kulturen.
- Es gibt weniger Verdunstung, darum kann auch die Bewässerungsmenge um bis zu 20 Prozent sinken.
- Agri-Photovoltaikanlagen schützen vor Dürreschäden.
- Sie vermindern Winderosion und damit die Abtragung oberer Bodenschichten.
- Sie steigern die Wertschöpfung durch Doppelnutzung in der Region.
- Agri-Photovoltaik macht landwirtschaftliche Betriebe unabhängig von der Stromversorgung.

- Landwirte und Landwirtinnen können ihr Einkommen diversifizieren.
- Die Anlagen entschärfen die Flächenkonkurrenz zwischen Energie- und Lebensmittelerzeugung.

Die Technologie ist allerdings noch ziemlich neu. In anderen Ländern wie Frankreich und Japan sind solche Anlagen auf den Äckern schon in größerem Maße zu finden. Würden man 1 Prozent der deutschen Ackerfläche mit Solaranlagen ausrüsten, könnte das knapp 9 Prozent des Strombedarfs decken. Bislang gibt es in Deutschland nur wenige solcher Produktionssysteme, da sowohl die Stromausbeute niedriger ist als in reinen Solarparks als auch die Ernte geringer ausfällt als auf einem reinen Acker. Allerdings könnte sich dies in Zukunft ändern, da in Hitzesommern die Erträge unter Sonnenkollektoren im Vergleich zu konventionellen Systemen besser ausfallen. Derzeit gibt es auch von der gesetzgeberischen Seite noch Hürden.

Gut gewappnet!

Naturkatastrophen und Extremwetter sind heute auch schon in Deutschland spürbar. Um Menschen, lebenswichtige Infrastruktur und Ökosysteme zu schützen, müssen Gemeinden, aber auch Industrien und soziale Einrichtungen vorsorgen. Wer selbst ein Haus baut, kann auf kühlende Materialien achten. Auch sind private oder steuerfinanzierte Versicherungen gegen Naturgefahren im Notfall ein Rettungsanker.

Egal wie gut wir es schaffen, die Temperaturerhöhungen zu minimieren: Die Folgen des Klimawandels sind schon heute sichtbar und werden zunehmen. Seit dem Kyoto-Protokoll und mit dem nachfolgenden Pariser Klimaabkommen sind die Vertragsstaaten verpflichtet, sich besser gegen die Folgen des Klimawandels zu wappnen. Entwicklungsländer sollen mittels eines Fonds unterstützt werden, da sie über weniger finanzielle Ressourcen verfügen und auch kaum zur Erderwärmung beigetragen haben. Eine gute Anpassung führt auch dazu, dass die Folgekosten des Klimawandels geringer werden.

In Deutschland braucht es auf vielen Ebenen Anpassungen, die vor allem die Kommunen bewältigen müssen. Aber auch die Energiewirtschaft, die Landwirtschaft sowie die Industrie müssen sich auf Extremwetterereignisse vorbereiten. „Resilienz" wird es genannt, wenn schlimme Ereignisse von einem System abgefedert werden können.

Ländlicher Raum

Intakten Ökosystemen, wie fruchtbaren Böden oder Mischwäldern, kommt hier eine besondere Rolle zu. Sie können zumindest teilweise die sogenannten „Kaskaden-Effekte" des Klimawandels bremsen. Unter diesen Effekten versteht man, dass erhöhte Temperaturen und Extremwetterereignisse sich erstmal auf die Natur auswirken, also auf Böden, Wälder und Gewässer. Danach greifen sie auf die Landnutzung sowie Infrastruktur und Gebäude über, bis die Effekte Handelsströme und auch Menschen direkt treffen. Intakte Ökosysteme verhindern, dass diese Kaskade ablaufen kann. Zum Beispiel puffern sie Starkregenereignisse ab, weil sich das Wasser verteilen kann, was Flutwellen verhindert. Wenn Wasser in der Landschaft gehalten wird, anstatt in Gewässern abzufließen, ist das eine gute Vorsorgemaßnahme gegen Dürreperioden. Anpassungsmaßnahmen wären darum: weniger Bodenversiegelung, ausreichende Überflutungsflächen, smarter Siedlungsbau und mehr Deichschutz an Flüssen und Küsten.

Stadt

Städte mit Parks und Luftschneisen sind widerstandsfähiger gegen Hitze. Auch Gebäude mit Begrünung wie Efeu wirken einer Aufheizung von Innenräumen entgegen. Zudem gilt es, Regen in der Stadt zu halten und wieder einem Regenwasserkreislauf zuzuführen – „Schwammstadt" wird diese Vorsorgemaßnahme genannt. Denn durch dichte Bebauung kommt es leicht zu Überschwemmungen in Städten.

Infrastruktur

Durch Hitze aufgewölbte Straßen? Das hat man hierzulande in den letzten Sommern schon häufiger erlebt. Tatsächlich sind Verkehr, Stromnetze sowie Gebäude vom Klimawandel betroffen. Folgen hat das vor allem für die Städte, hier drohen Stromausfällen und Nahrungsmittelknappheit.

Der CO2-Fußabdruck

Der persönliche Fußabdruck schwankt je nach Lebensstil erheblich. In Deutschland sind vor allem der Kauf von Konsumgütern sowie das Wohnen energieintensiv. Aber auch Mobilität und Ernährung schlagen zu Buche. Wer seinen CO2-Fußabdruck reduzieren möchte, sollte an den großen Hebeln, den sogenannten „Big Points" ansetzen. Aber vor allem ist auch gesellschaftliches Engagement wichtig, weil hier weitreichendere Effekte eintreten. Mehrverbrauch an anderer Stelle kann CO2-Einsparungen jedoch wieder zunichte machen.

Privathaushalte tragen mit Konsum, Strom- und Wärmeverbrauch sowie Mobilität und Nahrung zu den Treibhausgasemissionen bei. Rechnet man diese Emissionen aus der üblichen Einteilung heraus, dann sind die Privathaushalte an den Klimaemissionen in Deutschland zu 18 Prozent beteiligt und können zur CO2-Minderung beitragen. In Deutschland gehen pro Kopf rund 30 Prozent der Emissionen auf den „sonstigen Konsum" zurück, also auf Kleider, Möbel, Smartphones, Putzmittel etc. 25 Prozent der Klimagase stammen aus Heizung, Warmwasser und Strom, 20 Prozent aus Mobilität. Die Ernährung macht rund 16 Prozent aus, 8 Prozent die öffentliche Infrastruktur im Allgemeinen. Hier fließen Emissionen von der Müllabfuhr oder Straßenbeleuchtung ein.

Eine Person in Deutschland emittiert im Schnitt 11 Tonnen CO2-Äquivalente. Das Klimaziel der Bundesregierung legt einen Fußabdruck von unter 1 Tonne C02-Äquivalenten pro Kopf für das Jahr 2045 in Deutschland fest. Hierfür muss an den großen Schrauben gedreht werden – „Big Points" werden Maßnahmen genannt, die den ökologischen Fußabdruck besonders stark, um mehr als 500 Kilogramm Kohlendioxid pro Jahr und Nase senken.

Wer kein Auto hat, nur mit erneuerbaren Energien heizt und Strom erzeugt, nie fliegt und vegan isst, kann seinen Fußabdruck auf knapp 4 Tonnen senken. Seinen individuellen Fußabdruck kann man mit CO2-Rechnern etwa vom Umweltbundesamt beziffern: www.uba.co2-rechner.de

Es reicht jedoch nicht, den ökologischen Fußabdruck durch den eigenen Konsum zu mindern, gleichzeitig muss der „ökologische Handabdruck“ vergrößert werden. Der CO2-Handabdruck steht für Handlungen, die Klimagasemissionen bei anderen Personen verringern. Wer seinen Handabdruck vergrößert, wirkt also an gesellschaftlichen Veränderungen mit (siehe Seite 114).

Die Gefahr bei umweltfreundlichem Handeln sind sogenannte Rebound-Effekte. Das heißt, dass man etwa zu einem Ökostromanbieter wechselt, dafür aber häufiger mit dem Flugzeug in den Urlaub fliegt, oder dass man mehr heizt, weil man sich einen sparsamen Heizkessel angeschafft hat. Solche Effekte können Einsparungen teilweise völlig zunichte machen.

Durchschnittlicher CO_2-Fußabdruck pro Kopf in Deutschland

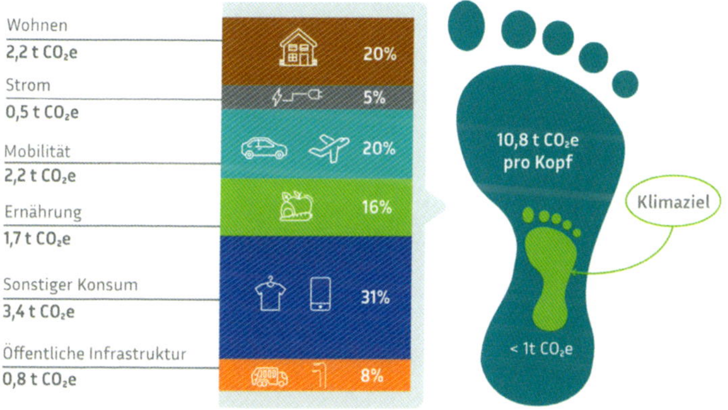

CO_2e: Die Effekte von unterschiedlichen Treibhausgasen (z.B. Methan) werden zu CO_2-Äquivalenten umgerechnet und in die Berechnung einbezogen.

Quelle: Umweltbundesamt CO_2-Rechner (Stand 2022)

So sieht grünes Wohnen aus

„Licht aus“ war gestern. Heute können Verbraucher*innen am meisten Energie sparen und damit Klimagase reduzieren, indem sie auf nachhaltige Heizsysteme setzen und die Raumtemperatur auf 22 bis 20 Grad einstellen. Aber auch bei Warmwasser und Elektrogeräten sind Einsparpotenziale möglich. Wichtig ist es, sich trotz weniger heizen und duschen wohl zu fühlen, sonst werden diese Sparmaßnahmen nicht zur Gewohnheit.

Etwa 25 Prozent der Emissionen der deutschen Bundesbürger*innen stammen aus dem Wohnbereich, je mehr Personen im Haushalt leben, desto weniger Energie wird pro Kopf verbraucht. Dabei macht Heizenergie 70 Prozent, Warmwasser 15 Prozent, Elektrogeräte wie Geschirrspüler, Kühlschrank oder Computer 8 Prozent, das Kochen 6 Prozent und die Beleuchtung 1 Prozent aus.

Um beim Wohnen kräftig Energie zu sparen und damit Treibhausgasemissionen zu reduzieren, können folgende Tipps hilfreich sein.

Tipps für ein energiesparendes Wohnen:

- **Dach und Außenwände dämmen**, Fenster mehrfach verglasen, abdichten.
- **Heizkessel auswechseln**: Laut Stiftung Warentest ist eine Gasheizung nur mit Solarenergie betrieben klimafreundlich, noch besser sind Wärmepumpen oder moderne Holzpelletkessel. Die Holzpellets müssen aber aus nachhaltiger Produktion stammen. Optimal ist auch hier, wenn der Kessel mit Solarthermie oder Photovoltaik gekoppelt wird.
- **Heizung regelmäßig warten**, das reduziert Energieverluste.
- **Einen Gang runter schalten**: Es hilft dem Klima, in weniger Räumen zu heizen (das Schlafzimmer kann etwas kühler sein) oder die Raumtemperatur auf 20 bis 22 Grad zu drosseln. Jedes Grad

Celsius weniger, mit dem ein Raum geheizt wird, reduziert den Verbrauch um etwa 6 Prozent. Erst ab unter 19 Grad Celsius kann sich diese Sparmaßnahme auf die Gesundheit auswirken, etwa bei älteren Personen, bei Menschen mit niedrigem Blutdruck oder Menschen, die sich wenig bewegen.

- **Nicht mit Strom heizen**, da Heizlüfter sehr viel Strom fressen.
- **Ökostrom beziehen**: Ein durchschnittlicher Drei-Personen-Haushalt kann laut dem Bund für Umwelt und Naturschutz mit dem Umstieg auf Ökostrom knapp 2 Tonnen Kohlendioxid pro Jahr sparen.
- **Selbst Strom produzieren** etwa mithilfe einer Photovoltaikanlage plus Speicher.
- **Energie sparen beim Duschen und Baden**: Ein Sparduschkopf senkt den Energieverbrauch fürs Duschen stark. Insgesamt sollte man kürzer und weniger heiß duschen. Baden sollte man nur selten.
- **Lieber sanieren anstatt neu bauen**: Neubauten sind in der Regel wesentlich klimaschädlicher als die Sanierung von Altbauten. Denn ein Neubau verursacht bereits bei seiner Errichtung, wofür man Beton, Stahl, Kalksandstein, Ziegel, Holz und vieles mehr braucht, ungefähr die Hälfte der gesamten Treibhausgasemissionen, die bei einer Lebensdauer von 50 Jahren emittiert werden.
- Nach Möglichkeit **Leerstand untervermieten** oder die **Wohnfläche reduzieren**: Alledings nimmt der Bedarf an Wohnraum in Deutschland zu, derzeit liegen wir bei knapp 50 Quadratmetern, die jede Person zur Verfügung hat.
- **Im Sommer gut kühlen** spart eine Klimaanlage. Das heißt an Hitzetagen morgens und abends Stoßlüften. Tagsüber Jalousien oder Gardinen zuziehen.
- **Beleuchtung auf LED** umstellen.
- **Smarte Messgeräte** machen den aktuellen Stromverbrauch transparent. Sie schicken Daten etwa auf das Smartphone. Der Austausch der Zähler ist einfach und zukünftig sollen „Smart-Meter“ laut Gesetz sogar flächendeckend in allen Haushalten installiert werden.

Mit dem Fahrrad am Stau vorbei

Der Öffentliche Nahverkehr im ländlichen Raum ist oft nicht gut aufgestellt und es fehlen an zahlreichen Orten sichere Radwege. Darum werden viele Strecken mit dem Pkw zurückgelegt. Gut für das Klima ist es jedoch, Autofahrten zu reduzieren. Gleiches gilt für Reisen mit dem Flugzeug.

Maximale Mobilität gehört zu unserer modernen Gesellschaft einfach dazu. Rund ein Fünftel der persönlichen Ökobilanz gehen auf Verkehrswege zurück, also auf das Pendeln zur Arbeit, Alltagsfahrten wie Einkaufen, Kinder zum Nachmittagsunterricht kutschieren oder Arztbesuche. Auch Klimaemissionen von Reisen werden hier eingerechnet. Laut einer Studie des „Instituts für Demoskopie Allensbach" und der „Deutschen Akademie der Technikwissenschaften" (Acatech) ist jede*r zweite Bundesbürger*in täglich mit dem Auto unterwegs, jede*r fünfte mit dem Fahrrad und nur jede*r zehnte mit dem öffentlichen Nahverkehr.

Richtig ist, dass gerade im ländlichen Raum das Auto oft die einzige Lösung ist, da weder Bahnhof noch Bushaltestelle in der Nähe sind. Ein Drittel aller Pkw-Fahrten sind Arbeitswege, die hin und zurück im Schnitt 17 Kilometer lang sind. Allerdings sind 50 Prozent aller Pkw-Fahrten kürzer als 5 Kilometer. Auch in der Stadt will kaum jemand auf das Auto verzichten, trotz nervtötender Parkplatzsuche, Lärm und Abgasen. Ein Jahr Auto fahren verursacht im Schnitt etwa 2,4 Tonnen Kohlendioxid pro Kopf bei 10.000 Kilometern. Durch den Umstieg auf das Fahrrad bei Strecken unter 5 Kilometern lassen sich hier bis zu 0,7 Tonnen Kohlendioxid pro Jahr und Person einsparen.

Für lange Pendelstrecken zur Arbeit bietet sich als Alternative das Arbeiten zu Hause an. Klimatechnisch lohnt sich das Homeoffice laut dem Öko-Institut ab einer Pendelstrecke von 6 Kilometern mit dem Auto. Wer auf das Auto nicht verzichten kann, kann durch langsameres, untertouriges Fahren Sprit spa-

ren und schont die Umwelt. Deshalb gilt ein Tempolimit als wichtiger Hebel für die Verkehrswende. Auch ein Elektroauto verbessert die persönliche Mobilitätsbilanz (siehe Seite 68). Der Anteil der CO2-Emissionen der Luftfahrt am weltweiten CO2-Ausstoß beträgt weniger als 3 Prozent. Rechnet man noch Stickoxide und Wasserdampf dazu, die von Flugzeugen ausgestoßen werden und in großen Höhen ebenso den Treibhauseffekt anheizen, sind es 6 Prozent. Das klingt erstmal nicht viel, dennoch sind Flugreisen für das persönliche CO2-Budget verheerend, eine Fernreise addiert 4 bis 5 Tonnen Kohlendioxid. Sicher ist, dass Reisen bildet und man für die Probleme in anderen Ländern, die durch den Klimawandel entstehen, ein besseres Verständnis bekommt, wenn man diese besucht. Wer die Schönheit und die Vielfalt des Planeten kennt, setzt sich auch eher für dessen Erhalt ein. In jedem Fall gilt: Lieber seltener fliegen und dafür länger vor Ort bleiben. Zudem sollte man Direktflüge vorziehen. Strecken im Inland sollte man möglichst mit der Bahn zurücklegen. Allein durch eine derart veränderte Nachfrage, könnten zwei Drittel der weltweiten Emissionen eingespart werden. Allerdings sind 1 Prozent der Menschheit für 50 Prozent der Emissionen verantwortlich, die durch den Flugverkehr entstehen. Darunter sind viele Flüge mit Privatjets. Ein Flug von 6 Stunden emittiert etwa so viel Kohlendioxid wie eine Durchschnittseuropäerin beziehungsweise ein Durchschnittseuropäer pro Jahr.

Skibegeisterte Klimasünder?

Pulverschnee, winterliches Panorama, Bewegung an der Höhenluft – Ski- und Snowboardfahren sind wunderbare Sportarten. Doch die Schneedecke wird immer dünner und Schneekanonen, Pistenraupen sowie Skilifte brauchen Energie. Dennoch kann man klimafreundlich Skifahren, wenn man einiges beachtet.

Laut der Onlineplattform Statista fahren rund 14,6 Millionen Deutsche zumindest gelegentlich Ski oder Snowboard. Doch mit dem Klimawandel wird es immer weniger Skigebiete geben. Die Wintersaison 2022/23 hat dies wieder eindringlich gezeigt. Laut einer Schweizer Studie aus dem Jahr 2017 wird bis 2100 die Schneedecke in den Alpen durchschnittlich um 70 Prozent abnehmen, wenn das 1,5-Grad-Limit eingehalten würde, würde sich dies auf 30 Prozent reduzieren. Gleichzeitig ist die Beförderung mit dem Lift auf die Gipfel, die Beschneiung der Pisten sowie die Planierung durch dieselbetriebene Pistenraupen mit Energieaufwand verbunden. Einige Skibegeisterte fragen sich darum: Darf ich überhaupt noch Skiurlaub machen?

Der Anreiseverkehr ist für 75 Prozent der Treibhausgasemissionen des Wintersporttourismus verantwortlich. Wer mit der Bahn oder dem Elektroauto anreist, ist darum klar im Vorteil. Das österreichische Umweltbundesamt beziffert dann einen Skitag für eine Person mit 15 bis 20 Kilowattstunden Energie. Das wären rund 6,3 bis 8,4 Kilogramm CO2-Äquivalente. Dies käme also zu dem durchschnittlichen CO2-Ausstoß von rund 30 Kilogramm pro Tag für eine Person dazu. Bei einer Woche wären das 42 bis 95 Kilogramm Kohlendioxid zusätzlich. Das ist zwar nicht ganz wenig, aber eben auch kein „Big Point", der den Fußabdruck erheblich vermindert, wenn man darauf verzichtet. Zum Vergleich: Wer eine Woche auf dem Kreuzfahrtschiff durch die Weltmeere schippert, summiert 1,5 Tonnen, also 1500 Kilogramm Kohlendioxid auf die persönliche Bilanz. Und hier sind An- und Abflug noch nicht eingerechnet.

Beim Skifahren nimmt den größten Posten die Beschneiung mit rund 40 Prozent ein, darauf folgt der Seilbahnbetrieb mit 26 Prozent und die Präparierung der Pisten mit 23 Prozent. Die Einkehr in der Hütte macht dagegen kaum einen Unterschied in der Ökobilanz.

Wer „grün Skifahren" will, kann Folgendes beachten:

- ☼ Skigebiete auswählen, die nachhaltigen Tourismus anbieten. Dazu gehört, dass Schneekanonen sowie Lifte mit Ökostrom betrieben werden und Pistenraupen mit Hybridantrieb fahren. Unter www.alpine-pearls.com findet man Ferienorte, die auf Nachhaltigkeit achten.
- ☼ Bei der Reiseplanung eine klimaneutrale Anreise berücksichtigen.
- ☼ Nur Skifahren, wenn ausreichend Schnee liegt oder auf Pisten ohne Beschneiung.
- ☼ Abseits der Piste sollte man wegen der Wildtiere gar nicht fahren. Das hat zwar nichts mit Klima-, aber mit Umweltschutz zu tun.
- ☼ Skilanglauf, Tourengehen oder Schneeschuhwandern verbraucht weniger Energie als Alpinski.

Ein Hoch auf den Sonntagsbraten!

Die Ernährungswende wird unseren Speiseplan nicht auf den Kopf stellen. Allerdings gilt es insbesondere, weniger Fleisch und andere tierische Produkte zu essen. Bei pflanzlichen Lebensmitteln zählt vor allem: Regionalität sowie Saisonalität. Wichtig ist jedoch auch, dass man den Einkauf möglichst zu Fuß oder mit dem Rad erledigt und wenige Speisen im Müll landen.

Essen hat viel mit Genuss aber auch mit Gewohnheit und Tradition zu tun. Niemand lässt sich darum gern vorschreiben, was er oder sie essen oder auch nicht essen soll. Insekten im Burger werden wegen des Ekelfaktors oft abgelehnt, hoch verarbeitete Produkte, auch Fleischersatz, wird als unnatürlich angesehen, während ein eingeschweißtes Billig-Schnitzel immer wieder gern gekauft wird. Das kennt man, das schmeckt und darum ist Mäßigung schwierig. Jedoch: Was wir essen und trinken macht etwa 16 Prozent unseres persönlichen CO2-Ausstoßes aus. Darum führt in Sachen Klimaschutz auch an einer Ernährungswende kein Weg vorbei.

Fleisch, Milch, Käse und Co.

Allerdings bedeutet eine Änderung der Ernährung nicht automatisch Verzicht auf köstliche Speisen. Es gilt einfach nur, mit ein bisschen Augenmaß tierische Produkte zu verzehren. Denn sie sind die größten Posten in der persönlichen Klimabilanz. Dabei hat Rindfleisch einen besonders schlechten ökologischen Fußabdruck. Aber auch bei der Futtermittelproduktion werden Klimagase emittiert, weswegen alle tierischen Produkte schlechter abschneiden als pflanzliche Kost.

Da CO2-Angaben jedoch meistens pro Kilogramm Lebensmittel gemessen werden, sind sie oft nicht wirklich vergleichbar, denn sie unterscheiden sich hinsichtlich der Nährstoffe. Darum kann man auch nicht Rindfleisch mit Salat vergleichen. Mit Hülsenfrüchten, die eiweißreich sind, macht es hingegen mehr Sinn. Abgesehen davon gilt ein verringerter Fleischkonsum als einer der „Big Points" beim Konsum, um die persönliche Klimabilanz zu verbessern. Wer sich vegetarisch oder vegan ernährt, kann damit mehr als 500 Kilogramm CO2-Äquivalente pro Jahr einsparen. Tatsächlich sinkt der Fleischkonsum in Deutschland. So kamen laut Statista 1991 noch 63,6 Kilogramm Fleisch auf den Teller, während es 2022 nur noch 52 Kilogramm pro Kopf und Jahr waren.

Neben dem Fleischkonsum stellt sich hinsichtlich der Klimabilanz die Frage: Ist Milch aus Weidehaltung besser? Insgesamt macht es für den CO2-Ausstoß wenig aus, ob ein Rind im Stall oder auf der Weide gehalten wurde. Allerdings gibt es weitere Vorteile der Weidehaltung etwa für die Biodiversität oder das Tierwohl, sodass Weidemilch definitiv nachhaltiger ist.

Klimawirkung einzelner tierischer Lebensmittel:
Angaben in CO2-Äquivalente pro Kilogramm (Ifeu-Institut, 2020)

☼ Rindfleisch: 13,6 ☼ Schweinefleisch: 4,6 ☼ Geflügel: 5,5 ☼ Fisch aus Aquakultur: 5,1 ☼ Ei: 3,0 ☼ Vollmilch (länger haltbar): 1,4 ☼ Käse: 5,7 ☼ Butter: 9,0

Fazit: Weniger ist mehr!

- Tierische Produkte ersetzen, wenn es schmeckt: Hummus anstatt Käse, Margarine anstatt Butter, Erbsenmilch anstatt Milch (nicht für Kleinkinder), Tofu anstatt Leberkäse
- Anstelle von Rind besser Wildfleisch aus der Region, Huhn und Schwein wählen
- Milch und Milchprodukte von Weidetieren verwenden
- Je unverarbeiteter, umso besser für Umwelt und Gesundheit. Das heißt, lieber Schnitzel anstatt Wurst essen

Getreide, Gemüse, Obst, Nüsse, Hülsenfrüchte

Bei pflanzlichen Lebensmitteln entscheidet der Transportweg und die Art des Anbaus über die Klimabilanz. So sind Tomaten im Juli aus Deutschland besser als aus Spanien, da letztere erst hierher transportiert werden müssen. Kulturen, die in Südeuropa im Freiland wachsen, während sie bei uns in beheizten Gewächshäusern gezogen werden, wie im Frühjahr die Tomaten, schneiden hingegen besser in Sachen Klima ab. Am schlechtesten ist Flugware. Avocados sind etwas ungerechtfertigt in die Kritik geraten. Ihr Anbau verbraucht zwar viel Wasser, allerdings ist die Klimabilanz wie bei fast allen pflanzlichen Lebensmitteln sehr gut, auch weil der Transport mit Schiffen vonstatten geht.

Klimawirkung einzelner pflanzlicher Lebensmittel:
CO2-Äquivalente pro Kilogramm (Ifeu-Institut, 2020)

☼ Deutsche „Wintertomate": 2,9 ☼ Deutsche Freilandtomate: 0,3 ☼ Feldsalat: 0,3 ☼ Apfel: 0,3 ☼ Avocado: 0,6 ☼ Ananas per Schiff: 0,6 ☼ Ananas per Flugzeug: 15,1 ☼ Brot: 0,6 ☼ Linsen: 1,2 ☼ Erdnüsse in der Schale: 0,8 ☼ Veggie-Burger: 1,1 bis 1,8 ☼ Tofu: 1,0

Fazit: Bunt, gesund, klimafreundlich!

- Beim Einkauf auf eine vielfältige Auswahl und mehr Hülsenfrüchte achten
- Saisonal und regional sollten Ackerfrüchte sein
- Lieber Leitungswasser als Mineralwasser aus Norwegen oder Übersee trinken
- Auf Flugware verzichten
- Frisches Gemüse und Obst ist besser als TK, Dose oder verarbeitet
- Palmöl meiden
- Bio ist insgesamt umweltfreundlicher

Klimalabel

Immer häufiger sieht man auf Lebensmitteln Label, die ein Produkt als „klimapositiv“, „klimaneutral“ oder als „CO2-neutral“ bewerben. Verbraucherschützer*innnen halten dies für Greenwashing, da Unternehmen hier meist nur auf Ausgleichsmaßnahmen wie Aufforstungsprojekte setzten, anstatt Emissionen bei der Produktion zu reduzieren.

Einkaufen, Aufbewahren, Kühlen, Kochen

Beim Thema Ernährung wird oft vergessen, dass auch die Einkaufsfahrten zu Buche schlagen. Wer für Gemüse erst viele Kilometer zu einem Hofladen zurücklegt, verhagelt die an sich gute Klimabilanz von regionalem und saisonalem Gemüse. Darum: Lieber zu Fuß oder mit dem Fahrrad einkaufen oder selten mit dem Auto einen Großeinkauf machen. Zudem spielen Lebensmittelverluste und -verschwendung eine große Rolle. Weltweit landet ein Drittel der Lebensmittel im Müll, teils schon auf dem Acker oder bei der Lagerung, später im Supermarkt oder dann auch bei den Verbraucher*innen. Darum sollten Einkäufe gut geplant werden. Auch der Energieverbrauch für Kühlen und Kochen kann die Ökobilanz von eingekauften Lebensmitteln schmälern.

Fazit: Zu Fuß, mit Einkaufszettel einkaufen! Am Herd Energie sparen!

- Häufiger Einkauf ohne Auto
- Lebensmittelverschwendung vermeiden
- Energieverbrauch beachten: beim Kochen (mit Deckel), Kühlschrank (A+++), TK-Truhe (regelmäßig abtauen)

Zero Waste

Einkaufen wird ja immer schwieriger. Neben der länger werdenden Zutatenliste von verarbeiteten Produkten, beschäftigt viele Menschen auch das Thema Verpackung. Oft sind Biogemüse in Folie eingeschweißt, konventionelle dagegen nicht. Aludosen gelten auch als umweltschädlich. Lieber also die Erbsen im Glas anstatt in der Dose oder gleich Trockenerbsen beim Unverpackt-Laden holen? Tatsächlich spielt es für die CO2-Bilanz kaum eine Rolle, in welcher Verpackung ein Lebensmittel eingewickelt ist.

Onlinehandel, immer kleinere Verpackungen für Ein- oder Zweipersonenhaushalte, vorportionierte Produkte, To-go-Becher, Einwegprodukte – dies lässt die Plastikberge in Deutschland immer weiter anwachsen. So wurden hierzulande im Jahr 2021 allein 5,67 Millionen Tonnen Plastikmüll gezählt. Von 1950 bis heute ist die weltweite Produktion von Kunststoff von 1,5 auf 400 Millionen Tonnen angestiegen. Rund die Hälfte der Lebensmittelverpackungen bestehen heute aus Kunststoff, auch hier gilt: Tendenz steigend. Und das ist schlecht für die Umwelt, da sich Plastik aus Abfällen in Küstengebieten sowie im Meer oder als Mikroplastik in Fischmägen und Strandschnecken wiederfindet. Klar ist, dass diese Meeresverschmutzung ein großes Umweltproblem ist. Doch sind hier Dosen, Einwegglas oder Papier so viel besser?

Die Antwort: Nein, die Verpackung verändert den CO2-Fußabdruck eines Lebensmittels kaum. Vielmehr kann sogar ein Plastikbeutel (ebenso wie ein Verbundkarton) weniger CO2-intensiv sein als Dose oder Einwegglas. Das zeigten Berechnungen vom Ifeu-Institut, die sich den Lebenslauf von Lebensmitteln von der Herstellung über den Transport bis zur Verwertung besehen haben.

So wird bei der Produktion einer Gurke in Folie genauso viel Kohlendioxid emittiert wie bei einer Gurke ohne Plastik, nämlich 0,4 CO2-Äquivalente pro Kilogramm Erntegut. Auch Apfelsaft in der Glasflasche schneidet genauso gut ab (0,4 CO2-Äquivalente pro Liter) wie im Verbundkarton.

Dennoch ist es natürlich für die Umwelt sinnvoll, Verpackungsmüll zu meiden und zu recyclen. Er sollte in der gelben Tonne, im Glascontainer oder im Altpapier landen. Auch ist Mehrweg meist besser als Einweg, allerdings nur, wenn die Mehrwegbehälter sehr oft eingesetzt werden. Denn so werden weltweit Ressourcen gespart, etwa Erdöl, Aluminium, Holz oder Wasser, die bei der Herstellung genutzt werden und Ökosysteme belasten. Darum ist der Einkauf im Unverpackt-Laden und damit „Zero Waste", betrachtet man die gesamte Ökobilanz, trotzdem am besten. Nur sollte man hier sehr gut auf Hygiene achten, damit die Lebensmittel nicht verderben. Mit verschimmelter Wurst und matschigen Erdbeeren, die im Müll enden, wäre der Umwelt nämlich am wenigsten geholfen.

Ist Bio die Lösung?

Biolandwirte und -landwirtinnen arbeiten sehr naturnah. Sie sprühen weniger Pestizide und verzichten auf Mineraldünger. Allerdings fahren sie weniger Ernte pro Ackerfläche ein und produzieren weniger Milch und Fleisch. Darum sind Klimawirkungen teils sogar schlechter als bei konventionellen Lebensmitteln.

Artgerechte Tierhaltung, gesündere und nachhaltige Produktionsweise – das sind die Hauptgründe, warum Menschen zu Biolebensmitteln greifen. Tatsächlich haben Tiere auf Ökohöfen meist ein besseres Leben. Auch sind Ökolebensmittel umweltfreundlicher. Allerdings gilt das nicht immer für die Klimawirkung. Richtig ist, dass Ökolandbau, bezogen auf die Fläche, weniger Emissionen in die Luft bläst, weil keine Pestizide und Mineraldünger erlaubt sind. Wird weniger gedüngt, sinken auch die Lachgasemissionen. Zudem wird durch den ökologischen Landbau mit Fruchtfolgen mehr Kohlenstoff im Boden gespeichert. Die Treibhausgasemissionen liegen im Schnitt bei rund 1.750 Kilogramm CO2-Äquivalente je Hektar und Jahr und damit um die Hälfte niedriger als im konventionellen Anbau.

Dies gilt jedoch nicht für das erzeugte Produkt. Bezogen auf ein Lebensmittel sind die Emissionen in etwa so hoch wie in der konventionellen Landwirtschaft. Der Grund: Die Erträge im ökologischen Landbau sind geringer. Darum muss ein Landwirt oder eine Landwirtin für die gleiche Erntemenge mehr Fläche beackern und darum schneiden Ökolebensmittel teils zwar besser, teils aber sogar schlechter in Sachen CO2-Fußabdruck ab.

Angaben in CO_2-Äquivalente pro Kilogramm (Ifeu-Institut, 2020)

☼ Schweinefleisch bio: 5,2 ☼ Schweinefleisch konventionell: 4,6 ☼ Milch bio: 1,7 ☼ Milch konventionell: 1,4 ☼ Apfel bio: 0,2 ☼ Apfel konventionell: 0,3

Allerdings hat die Ökolandwirtschaft viele weitere Vorteile. Durch den geringeren Düngereinsatz werden die Gewässer nicht mit Nitrat belastet. Auch fördert der Ökolandbau die Biodiversität, das heißt, die Felder sind artenreicher und damit auch besser gegen Naturkatastrophen geschützt. Und Ökobetriebe arbeiten nach dem Prinzip der Kreislaufwirtschaft. Sie sind nämlich verpflichtet, einen Teil des Futters selber anzubauen, das sie wiederum mit dem Dung der Tiere zu guter Ernte bringen. Deswegen wird der Ausbau der Biolandwirtschaft als Teil der Ernährungswende, also der Umstieg auf eine klimafreundliche Ernährungsweise, gefordert.

Shopping top, Klima flop!

Kleidung, Möbel, Smartphones, Nippes – unser Konsumstil heizt das Klima mit an. Darum gilt: Weniger ist mehr! Wer trotzdem dringend Neues braucht, sollte auf Qualität achten. Gut verarbeitete Produkte sind meist langlebiger oder lassen sich reparieren. Bei Elektrogeräten ist Energieeffizienz und Recyclingfähigkeit wichtig.

Wir leben in einer bunten Warenwelt. Es wird geshoppt, was das Zeug hält, immer mehr Waren wandern über den Ladentisch. Laut Umweltbundesamt sind zum Beispiel in 2021 fast doppelt so viele Flachbildfernseher verkauft worden als in 2011. Bei Spielkonsolen gab es ein Plus von 28 Prozent, bei Mobiltelefonen waren es knapp 13 Prozent in diesem Zeitraum. In Deutschland gehen jedoch rund 30 Prozent der Emissionen auf diesen „sonstigen Konsum" zurück, also auf Kleider, Möbel, Smartphones, Putzmittel etc. Konsum ist also ein großer Posten in der persönlichen CO2-Bilanz. Wichtig ist deshalb: Nur das Nötigste kaufen und darauf achten, dass Produkte langlebig, reparierbar oder recyclingfähig sind. Ganz nach dem Motto: „Small is beautiful!". Tatsächlich zeigen erste Studien, dass „Suffizienz", das sich Begrenzen und das richtige Maß einhalten, auch mit Zufriedenheit und mehr Lebensqualität einhergeht.

Im Folgenden einige Beispiele wie klimaschonender Konsum möglich ist.

Elektrogeräte

Wichtig für den Klimaschutz ist eine funktionierende Kreislaufwirtschaft. Dabei wird der Lebenszyklus der Produkte durch Reparatur und Recycling verlängert. Das schont Ressourcen und spart Kohlendioxid. Denn bei der Herstellung elektronischer Geräte wird viel klimaschädliches Gas freigesetzt. Je länger man diese also nutzt, desto besser wird die Klimabilanz.

Darum sollte man defekte Elektrogeräte lieber reparieren als neu kaufen. Hilfe dabei bekommt man etwa bei Repair-Cafés. Hier kann man auch alte Fahrräder, kaputte Uhren, defekte Kaffeemaschinen wieder instand setzen oder aus alten Kleidern und Möbeln neue Produkte schneidern und zimmern.

Muss doch ein neues Elektrogerät her, rät die Stiftung Warentest auf teurere, aber hocheffiziente Modelle von Markenherstellern zu setzen, da Billigware kaum reparierbar sei. Hilfreich ist hier das Umweltzeichen „Blauer Engel“. Auch sollte man natürlich auf das Energielabel achten, das angibt, wie effizient ein Gerät läuft. Ideal ist A+++.

Damit auch die Verbrauchenden Elektrogeräte richtig entsorgen und Recycling erst möglich wird, sind Kommunen und Händler seit 2019 EU-weit angewiesen, 65 Prozent der elektronischen Altgeräte einzusammeln. Laut einer Befragung der Verbraucherzentrale im Jahr 2021 haben sieben von zehn Personen mindestens ein defektes oder ungenutztes Handy, Tablet oder Laptop bei sich zu Hause liegen.

Fast Fashion

Kleider machen Leute. Dieser altbackene Spruch hat leider nicht seine Richtigkeit verloren. Verbraucher*innen kaufen in Deutschland im Schnitt 60 Kleidungsstücke pro Jahr. Fast Fashion ist billig, macht kurzfristig glücklich und landet dann teils auf Nimmerwiedersehen im Schrank. Jedem fünften Kleidungsstück widerfährt dieses Schicksal. Dabei hat Fast Fashion einen immensen CO2-Fußabdruck: Es wird geschätzt, dass 10 Prozent der weltweiten CO2-Belastungen aus der Kleiderproduktion stammen. So verursachte nach Angaben der Europäischen Umweltagentur der Kauf von Textilien in der Europäischen Union im Jahr 2017 rund 654 Kilogramm CO2-Emissionen pro Person.

Dabei schlägt nicht so sehr der Transport oder das Schneidern ins Kontor, vielmehr entsteht der größte Teil des CO2-Fußabdrucks eines Kleidungsstücks bei der Herstellung des Stoffs – insbesondere beim Anbau, Spinnen, Weben und Färben. Besonders ungünstig sind synthetische Fasern, da sie aus Erdöl hergestellt werden. Für ein Polyester-Shirt entfallen auf den Herstellungsprozess mehr als doppelt so viele CO2-Emissionen wie für ein Hemd aus Baumwolle. Ein weiteres Problem: Länder wie China, Indien, Vietnam oder Kambodscha, von wo wir Kleider hauptsächlich importieren, beziehen viel Strom aus Kohle für die energieintensive Produktion.

Darum haben auch wir als Modekonsumierende einen Einfluss auf die Klimabelastung von Jeans und T-Shirt. Etwa indem wir auf Herstellung in Europa achten. Noch wichtiger ist jedoch, wenig Kleidung zu kaufen, alte Kleidung upzucyclen oder sie Second Hand zu erwerben. Auch das Waschen, Trocknen (ob bei Frischluft oder im Trockner) sowie das Bügeln beeinflusst die Klimawirkung der Wäsche. So entstehen rund 30 Prozent der Emissionen eines T-Shirts bei Trägerin oder Träger.

Kompensation – nicht nur für Flüge

Organisationen wie „atmosfair“, „Klima-Kollekte“ sowie „PRIMAKLIMA“ bieten die Möglichkeit an, CO2-Emissionen zu kompensieren. Sie sind damit also eine Art Spende. Sie machen persönliche Emissionen zwar nicht rückgängig, dafür vermeiden sie durch die Unterstützung von Klimaschutzprojekten an anderer Stelle CO2-Emissionen. Mit den Spenden finanzieren die Anbieter Klimaprojekte in Entwicklungsländern, etwa Aufforstungen, Biogasanlagen oder Solaröfen. Das Gütesiegel „Gold Standard" zeigt, wie gut ein Projekt zertifiziert ist. Tatsächlich kann man hier auch viele weitere Emissionen zum Beispiel sein komplettes CO2-Budget kompensieren. Auch direkte Spenden an entsprechende Umweltorganisationen sind eine gute Möglichkeit, den CO2-Handabdruck zu erhöhen. Dennoch gilt vorrangig: Erst sparen, den Rest kompensieren.

Es muss ja nicht gleich der Umzug ins Tiny House sein, aber weniger Konsum lässt das Klima aufatmen.

Online geht's auch

Es werden immer mehr Produkte im Internet bestellt, was häufig als klimaschädlich kritisiert wird. Das stimmt jedoch nicht unbedingt. Dabei kommt es auf viele Faktoren an, vor allem auf das bestellte Produkt aber auch, ob eine Retoure weiterverkauft wird oder vernichtet.

Das Ordern von Kleidung, Schuhen, Elektrogeräten oder Lebensmitteln im Internet boomt. Vor allem die Corona-Pandemie hat den Trend nochmals angekurbelt. So kam es zwischen 2019 bis 2021 zu einem Plus von 36 Prozent. Dennoch halten das Onlineshoppen viele Verbraucher*innen für klimaschädlich. Das lässt sich so pauschal aber nicht sagen.

Den größten Anteil an der Klimabilanz eines Produktes, egal ob online oder offline im Laden erstanden, macht nämlich das Produkt selbst aus. Also wie nachhaltig ist es produziert worden? Sehr relevant für die Frage nach der Klimaschädlichkeit ist jedoch auch: Braucht man die neuen Sneaker, das neue Smartphone, das neue Bügeleisen wirklich? Jeder Nichtkauf ist ein Riesenplus auf dem Konto „Konsum".

Der zweite wichtige Punkt ist die „letzte Meile". Hier wird also der eigene Weg zum Laden mit der Zustellung durch den Online-Lieferanten verglichen. Wird dieser mit Elektro-Transportern oder sogar mit einem Lastenfahrrad zurückgelegt, was in Städten immer häufiger vorkommt, dann kann der Onlinekauf sogar besser abschneiden als ein Einkauf im Geschäft. Und zwar dann, wenn man mit dem Auto in die Stadt fährt, um die Besorgungen zu machen. Schlechter kann wiederum die Lieferung ausfallen, wenn Transporter fossil betrieben werden und nicht ausgelastet sind. Eine geringe Auslastung kommt vor allem beim sogenannten „Instant Delivery" vor, also wenn die Ware innerhalb eines Tages oder sogar einer Stunde ausgeliefert wird. Dann bleibt zu wenig Zeit, um die Logistik gut zu planen.

Wichtig ist auch: Beim Onlineverkauf fällt die Ladenfläche weg, die beheizt, gekühlt und mit Strom versorgt werden muss.

Dagegen kommt die Verpackung beim Onlineshopping zur Klimabilanz hinzu. Insgesamt hat die Verpackungsindustrie zwar einen erheblichen Einfluss, sie steht an fünfter Stelle der energieintensivsten Industrien in Deutschland. Und es wird immer mehr produziert. Allerdings auf den CO_2-Fußabdruck des gesamten Produktes gerechnet, haben Handel und Vertrieb mit etwa 1 Prozent nur wenig Einfluss.

Viel diskutiert wird auch das Thema Retouren. Der Rücktransport ist hier weniger das Problem. Aber was mit der Ware geschieht, wird sie wieder verkauft oder vernichtet, ist entscheidend. Denn vernichtete Ware würde heißen, dass 100 Prozent der Klimagase, die für die Produktion emittiert wurden, umsonst in die Luft gejagt wurden.

Deshalb ist es wichtig, sich Zeit zu nehmen beim Onlineshopping, denn dann werden Retouren vermieden. Zudem ist es gut, die Lieferung beim ersten Mal anzunehmen, zum Beispiel auch das Paket für den Nachbarn, dann muss der Lieferservice nicht noch weitere Strecken zurücklegen.

Ein großer Nachteil beim Onlineshopping: Es werden oft Daten über das Einkaufsverhalten gespeichert und so Werbung auf eine Person zugeschnitten. Und dies verleitet auch wieder dazu, spontan Dinge zu kaufen, die man vielleicht nicht unbedingt benötigt.

Grüner Haushalt, weiße Wäsche

Es gibt immer mehr feste Shampoos, Zahnpasta- oder Putzmittel-Tabs. Dies spart zwar Verpackungsmüll, für die Klimawirkung macht es jedoch laut Stiftung Warentest, zum Beispiel bei festem Shampoo, kaum einen Unterschied, wie ein Produkt verpackt ist. Wichtiger ist, dass sowohl bei der Körperpflege als auch beim Waschen und Putzen Warmwasser und Energie gespart wird. Das heißt also: Möglichst oft Öko-Programme wählen und die Reiniger richtig dosieren. Socken, Unterwäsche und Handtücher können auch bei 40 Grad gereinigt werden, sie sollte man nur einmal im Monat bei 60 Grad waschen, damit sich Keime nicht vermehren können. Das Geschirrspülen von Hand braucht meist mehr Energie als in der Spülmaschine.

Leider basieren viele Haushaltsmittel auf Tensiden, die aus Palmöl hergestellt werden. Der Palmölanbau ist extrem klimaschädlich, wenn er nicht zertifiziert ist, etwa mit dem RSPO-Siegel. Das Siegel belegt unter anderem, dass keine Primärwälder, die besonders viel Kohlendioxid binden, dem Palmölanbau Platz machen mussten. Bislang gibt es allerdings kaum Hersteller, die das Palmöl auf der Verpackung deklarieren, das ist nur bei Lebensmitteln verpflichtend. Für die meisten Anwendungen im Haushalt reicht übrigens ein Reiniger, den man aus Zitronensäure, Natron und Soda selber herstellen kann.

Wegwerfprodukte in Haushalt können durch langlebige ersetzt werden, zum Beispiel Gefrierbeutel, Frischhaltefolie, Backpapier oder Küchenrolle. Hier gibt es zahlreiche Ersatzprodukte etwa aus Silikon oder Hartplastik, und anstatt Küchenrolle kann man auch einen Schwamm benutzen.

Blumen lieber slow

Fast jeder weiß, dass Erdbeeren an Weihnachten eher nicht so gut fürs Klima sind. Aber Rosen kaufen wir oft, ohne uns Gedanken zu machen. Dabei werden viele Schnittblumen in beheizten Gewächshäusern gezogen oder als Flugware importiert. Laut einer Studie von „myclimate" aus dem Jahr 2019 entstehen beim Anbau und Flug von 1 Kilogramm kenianischer Rosen 4 Kilogramm Kohlendioxid, während bei Rosen aus Holland im Winteranbau 25 Kilogramm Kohlendioxid aufgrund der Züchtung in fossil beheizten Gewächshäusern anfallen. Auch die Verwendung von Torferde vermasselt die Klimabilanz von Schnittblumen leider gehörig, das gilt auch für den Eigenanbau. Daher lieber selten und wenn, dann Sträuße aus der Region oder zumindest mit Umweltsiegel verschenken. Die Slow-Flower-Bewegung hat sich etwa einer umweltfreundlichen Produktion verschrieben.

Tierfutter? Katzenjammer

In rund 60 Prozent der deutschen Haushalte leben Haustiere. Sie fördern die Gesundheit, senken den Blutdruck ihrer Halter:innen und mindern Stress. Bei diesen positiven Aspekten darf man aber nicht vergessen, dass auch Haustiere fressen müssen und teils große Mengen an CO2-Emissionen verursachen. Dabei fallen Kleintiere wie Hamster, Meerschweinchen oder Wellensittiche kaum ins Gewicht. Hunde und Katzen haben jedoch einen relativ großen Klimafußabdruck, da sie teilweise (Hunde) oder komplette Fleischfresser (Katzen) sind. Aber auch Pferdehaltung schlägt zu Buche. So zeigen Studien, dass etwa die jährliche Klimabelastung eines Pferdes mit 3 Tonnen CO2-Äquivalenten fast doppelt so groß ist wie die durchschnittliche Ernährungsbilanz eines Deutschen oder einer Deutschen. Hundehaltung trägt mit knapp 1 Tonne, Katzenhaltung mit rund 400 Kilogramm zur Klimaerwärmung bei. Einer US-Studie zufolge entfallen in den USA 25 bis 30 Prozent der Emissionen aus der Fleischproduktion auf den Futternapf. Dabei geht der Trend zu Premium Food, hier wird Edel-Fleisch verarbeitet, wie etwa Filet oder Hühnerbrust.

Könnte man die Klimaeffekte von Hund und Katze durch vegane Tierernährung mindern? Zwar fressen Wölfe in der freien Wildbahn vor allem Fleisch mit kleinen Pflanzenbeilagen. Der Hund ist jedoch seit rund 30.000 Jahren Begleiter des Menschen und bekommt seither eine Kost gefüttert, die teils einen größeren zufolge entstehen in den USA Anteil hat. Das hat Spuren im Genom hinterlassen: Der Hund kann auch Kohlenhydrate verdauen und braucht Faserstoffe für eine gute Verdauung sowie weniger Eiweiß als ein Wolf. Hunde mit veganem und nährstoffangereichertem Hundefutter zu ernähren, ist laut dem Deutschen Tierschutzbund möglich. Empfohlen wird dennoch eine Mischkost im Verhältnis eins zu eins. Ressourcenschonend ist es, unbeliebte Fleischstücke wie Innereien und Knochen in einer Metzgerei zu kaufen. Katzen sind hingegen obligate Fleischfresser, für sie ist vegan keine Alternative.

Gebärstreik als Klimaschutz?

Seit einiger Zeit hört man wieder öfter davon: Junge Menschen treten in Gebärstreik, da Kinder zum Treibhauseffekt und damit zur Klimakrise beitragen. Die Bewegung heißt „Birth-Strike-Movements" und ist nicht wirklich neu. Schon in den 1980er-Jahren angesichts von atomarem Wettstreit, der Katastrophe im Atomkraftwerk Tschernobyl und dem Waldsterben wurde das Thema diskutiert. Tatsächlich trägt ein Mensch über seinen Lebensweg gerechnet, vor allem in den reichen Ländern zum Klimawandel ordentlich bei. Eine schwedisch-kanadische Studie aus dem Jahr 2017 beziffert das Kinderkriegen auf fast 60 Tonnen pro Jahr. Genauer: Wer auf ein Kind verzichtet, erspare dem Planeten jährlich diese große Menge an Treibhausgasen. Allerdings sind hier auch die Emissionen der Kinder und Kindeskinder bis ins Jahr 2400 eingerechnet. Es wird dabei jedoch vergessen, dass wir bald eine Energiewende erleben könnten und dann tatsächlich dekarbonisiert leben würden. Die Zahl könnte also viel zu hoch gegriffen sein.

Streaming versus DVD

Das Streaming emittiert einiges an Kohlendioxid, weil Rechenzentren immer mehr Daten verarbeiten müssen und Effizienzsteigerungen bislang nicht groß genug sind. Als Serien-Junkie kann man zwar etwas tun, um grüner zu streamen. Wirklich wirksam ist es aber nur, wenn Server mit Ökostrom gespeist werden.

„Last One Laughing", „Babylon Berlin", „Game of Thrones" – wer Serien und Filme liebt, findet auf entsprechenden Plattformen jederzeit eine große Auswahl. Tatsächlich sind unsere Streaming-Aktivitäten, aber auch insgesamt unser digitales Medienverhalten, wie die Nutzung von Suchmaschinen oder Social-Media-Konsum CO2-relevant. Denn die großen Datenmengen müssen auf Servern verarbeitet werden, die viel Energie schlucken. So wird laut einer Studie von „Huawai Technologies Sweden" aus dem Jahr 2015 prognostiziert, dass IT-Netzwerke, elektronische Geräte wie Fernseher, Computer oder Smartphones und Rechenzentren bis 2030 bis zu 21 Prozent des weltweiten Stromverbrauchs ausmachen könnten.

Vor allem Videoplattformen beanspruchen dabei einen hohen Anteil. 30 Minuten netflixen emittiert so viel Kohlendioxid wie eine 6 kilometerlange Autofahrt. Zwar gibt es auch hier Verbesserungen bei der Servereffizienz, allerdings übersteigen die zunehmenden Streaming-Zeiten diese bislang. Verbrachte im Jahr 2019 noch jeder Deutsche 42 Minuten auf Streaming-Plattformen waren es 2020 schon 55 Minuten.

Tatsächlich gibt es für den Konsumenten Einsparmöglichkeiten: Man kann etwa von Smart-TV auf einen Laptop umsteigen, die Auflösung reduzieren oder die Autoplay-Funktion abschalten. Eine große Rolle spielt auch, wie die Datenübertragung läuft. Das Streamen über Glasfaser- sowie Kupferkabel oder G4- und G5-Mobilfunk emittiert wesentlich weniger Klimagase als UMTS (G3).

Ebenso wichtig ist, dass große Rechenzentren mit erneuerbaren Energien gespeist werden.

(K)Eine Utopie

Berlin könnte in 20 Jahren grün und verkehrsberuhigt sein, Stadtgärten versorgen die Menschen mit frischen Lebensmitteln, Häuser werden ökologisch gebaut und das Fliegen wird dekarbonisiert. Dass das alles ohne Verzicht geht, zeigen reale Zukunftsszenarien.

Ständige Horrornachrichten sind zermürbend und machen auf Dauer depressiv. Wer Hoffnung auf ein Happy End hat, wird dagegen eher aktiv. Darum lohnt es sich, ab und zu auch mal einen positiven Blick in die Zukunft zu werfen. Wie könnte Berlin etwa im Jahr 2045 aussehen? Vier Autor*innen haben sich für ein 2023 im Oekom-Verlag erschienenes Buch mit dem Titel „Zukunftsbilder 2045" reale Szenarien ausgemalt. Demgemäß werden sich Großstädte, wie Berlin enorm verändert haben. „Auf dem Bahnhofsvorplatz wimmelt es von Fahrrädern, E-Bikes, Sammeltaxis, Rufbussen, Neogleitern und anderen Fahrzeugtypen. Rundherum ist es grün: Auf Verkehrsinseln blühen Wildstauden und überall Bäume, Bäume, Bäume", so schreibt eine fiktive Journalistin im Jahr 2045, die 20 Jahre nicht in Deutschland gelebt hat. „Unterstützt von den Behörden haben Zehntausende Bürger und Baumpatinnen in allen Stadtteilen Bäumchen in Mulden gepflanzt, in denen sich Regenwasser sammeln kann. Sie verwandelten Brachflächen in Wildwiesen oder Gemeinschaftsgärten, auf denen sich Insekten tummeln und Menschen ihre Freizeit genießen." Es gibt in diesen Szenarien auch viele Radschnellwege und wenige Autos, auf den Dächern fangen Sonnenkollektoren und kleinere Windräder Energie für die Haushalte ein. Zudem wird in Interviews mit Akteur*innen des Wandels aufgezeigt, welche Maßnahmen zu dieser idyllischen Welt von morgen geführt haben.

Auch Forschende des Kopernikus-Projektes haben Szenarien für 2045 entworfen. Hier spielt die Digitalisierung eine große

Rolle bei der Energiebereitstellung, wenn Sonne und Wind eine Pause machen, Flugzeuge fliegen nur mit grünem Kerosin, Häuser werden aus recycelten Materialien und Beton gebaut, der Kohlendioxid bindet. Heizung und Warmwasser stammen aus Wärmepumpen, Konsumgüter können entsprechend der Kreislaufwirtschaft auf Komposthaufen abgebaut werden oder sind unkaputtbar, Landwirte arbeiten ohne Dünger und Pestizide, tierische Produkte werden großteils durch schmackhafte Alternativen ersetzt.

Das klingt keinesfalls nach Armut und Verzicht, sondern macht Mut.

Jung und Alt

Vorwürfe sind schnell gemacht: Ältere werfen der jüngeren Generation bisweilen vor, sich zuerst auf der Straße für Gruppierungen wie die Letzte Generation festzukleben – und dann nach Bali zu fliegen. Immer öfter hört man, dass vor allem die junge Generation zu klimafreundlichem Handeln quasi verpflichtet ist. Jeder Schritt von jungen Aktivisten*innen oder grünen Jung-Poliker*innen wird verfolgt und Umweltsünden angeprangert. So wird etwa das Konsumverhalten der Youngsters kritisiert. Das neueste Smartphone oder angesagte Sneakers, Burger vom Schnellimbiss oder die Abschlussfahrt per Flieger nach Malle müssen es sein? Allerdings ist das nicht weniger als zynisch. Schließlich waren es die Bayboomer, die viele Jahre in Saus und Braus lebten und jetzt Askese von der Jugend fordern. Darum machen umgekehrt junge Menschen die älteren Generationen dafür verantwortlich, dass wir nun in der Klimakrise stecken, deren Folgen vor allem sie selber und ihre Kinder spüren werden.

Tatsächlich ist das Umweltverhalten der Generationen jedoch gar nicht so extrem unterschiedlich. Es gibt nicht den einen Babyboomer, der nur SUV fährt und ein Swimmingpool sein eigen nennt und es gibt nicht den einen veganen Studierenden, der kein Auto besitzt und noch nie in einem Flugzeug saß. Tatsächlich entstehen solche moralischen Diskussionen dadurch, dass die Bekämpfung des Klimawandels lange leider nicht im Fokus der Politik stand und dieses Vakuum von Bürgerinnen und Bürgern mit Leben gefüllt wurde, die bereits in den 1980er-Jahren Energie sparten, Vegetarier wurden und ihr Auto abschafften. Dies ist natürlich einerseits richtig und wichtig. Die Welt von morgen geht uns schließlich alle an.

Allerdings braucht es Rahmenbedingungen, damit sich fundamental etwas verändert und nicht einige sich einschränken und verzichten, während die anderen „Nach uns die Sintflut“ als Lebensmotto verinnerlicht haben. Das Umweltbundesamt beziffert den Anteil der Privathaushalte an den CO2-Emissionen auf 18 Prozent. Eine CO2-neutrale Gesellschaft kann daher nur mit Regeln für alle Sektoren wie Energiewirtschaft oder Verkehr erreicht werden. Wenn die Politik nicht mehr tut, wird klimafreundliches Handeln auch immer eine Sache des Wissens und des Geldes sein und damit sozialpolitisch problematisch werden.

Es müssen also alle aktiv werden, egal ob jung oder alt, ob Politiker*in oder Privatperson. Nur so kann der Weg in eine klimaneutrale Zukunft gelingen.

Wie wird Wissen zum Handeln?

Viele Menschen möchten klimafreundlicher leben, schaffen es jedoch nicht angesichts von ressourcenfressenden Alltagsroutinen, die schwer zu ändern sind. Wichtig ist darum, mit anderen ins Gespräch zu kommen und ohne erhobenen Zeigefinger gemeinsam Problemlösungen zu finden. Noch wichtiger ist es, gesellschaftspolitisch aktiv zu werden.

Mittlerweile ist das Thema Klimaschutz und seine Brisanz in der Mitte der Gesellschaft angekommen, viele Menschen wollen etwas gegen die Klimakrise tun. Doch trotz des zunehmenden Wissens, trotz immer öfter eintretender Extremwetter auch in Deutschland wie Dürre oder Hochwasser scheitert es oft an der Umsetzung. „Attitude-Behaviour-Gap" heißt dies im Fachjargon. Wie kommt man jedoch vom Wissen zum Handeln? Hier einige Tipps:

- Mit anderen ins Gespräch kommen: In sozialen Medien wie Twitter, Facebook oder nebenan.de findet man Gleichgesinnte und kann Tipps austauschen.
- Digitale Hilfe: In der App „Act Now" von den Vereinten Nationen kann man beispielsweise seine CO2-Spar-Leistungen vermerken und mit anderen teilen.
- Self-Nudging: Hierbei „stupst" man sich mit kleinen Tricks zu ökologischem Verhalten an. Beispiel Kühlschrank – das Obst auf Augenhöhe legen, sodass dieses beim Öffnen ins Blickfeld kommt. Muss man erst nach Salami oder Joghurt suchen, wird man eher zum Obst greifen.
- Framing: Wer sich einredet, dass er zu unsportlich für das Fahrradfahren ist, wird weiterhin mit dem Auto auch kleine Strecken zurücklegen. Eine neue Vorstellung könnte sein: „Fahrradfahren ist gesund und gut für die Umwelt." Wenn man dieses Motto immer wiederholt, wird die Entscheidung immer öfter auf das Fahrrad fallen.

- Ermutigende Zukunftsbilder ausmalen und sich selbst als Teil dieses schönen Planeten sehen, den es zu retten gilt.

Schließlich gilt: Wer motiviert ist, kann auch gesellschaftspolitisch aktiv werden, was noch viel wichtiger ist, als Alltagsroutinen zu verändern. So wäre der Eintritt in eine Partei eine Option oder das Engagement in Initiativen, seien es nun Bürgerenergieprojekte, Foodsharing oder Fridays for Future. Im Bereich der erneuerbaren Energien herrscht Fachkräftemangel, darum sind auch Quereinsteiger willkommen. Entsprechende Stellenmärkte sind etwa unter jobverde.de zu finden. Mediatoren in Bürgerbeteiligungsverfahren beim Ausbau erneuerbarer Energien helfen zum Beispiel die Energiewende möglich zu machen. Es gibt viele Möglichkeiten aktiv zu werden!

Das Quiz für Klima-Experten

1. Wie hoch ist der weltweite Temperaturanstieg seit 1880?

a) Mehr als 10 Grad
b) Mehr als 1,2 Grad
c) Mehr als 0,2 Grad

2. Woher stammt das Klimagas Lachgas hauptsächlich?

a) Aus Kohlekraftwerken
b) Aus Hybrid-Fahrzeugen
c) Aus der Landwirtschaft

3. Die Kleine Eiszeit vom 15. bis 19. Jahrhundert war ...

a) sicher menschengemacht
b) sicher von einem Vulkanausbruch ausgelöst
c) ... Es gibt mehrere Theorien, beides ist möglich

4. Wann wurde das erste Mal der Treibhauseffekt beschrieben?

a) 1565
b) 1824
c) 2015

5. Wann fand das Pariser Klimaabkommen statt?

a) 2009
b) 2015
c) 2019

6. Was ist genau der Weltklimarat (IPCC)?

a) Er besteht aus Wissenschaftler*innen
b) Er ist eine Umweltorganisation
c) Er besteht aus Regierungsvertreter*innen

7. Was sind Negativemissionen?

a) Kohlendioxid, das aus der Luft abgeschieden und gebunden wird
b) Emissionen, die sich besonders negativ auf den Treibhauseffekt auswirken
c) Emissionen, die bis dato vermieden wurden

8. Welche erneuerbare Energie gilt als besonders vielversprechend

a) Grüner Wasserstoff
b) Wasserkraft
c) Biogasanlagen

9. Atomkraftwerke zählen ...

a) zu den fossilen Energieträgern

b) zu den erneuerbaren Energien
c) weder zu den fossilen noch zu den erneubaren Energien

10. Welchen Anteil hat Deutschland an den weiten Klimaemissionen?

a) 30 Prozent
b) 14 Prozent
c) 2 Prozent

11. Wie stark wurden die Emissionen seit 1990 in Deutschland gesenkt?

a) 2 Prozent
b) 40 Prozent
c) 70 Prozent

12. Welcher Sektor hat am wenigsten Klimagase eingespart?

a) Landwirtschaft
b) Industrie
c) Verkehr

13. Welche ist die energieintensivste Industrie in Deutschland?

a) Die chemische Industrie
b) Die Lebensmittelindustrie
c) Die Verpackungsindustrie

14. Wohnen und Heizen: Was ist richtig?

a) „Licht aus" spart am meisten Strom
b) Jedes Grad weniger im Zimmer spart 6 Prozent Energie
c) Sparduschköpfe bringen nichts

15. Wie viele Treibhausgase spart ein Elektroauto über seinen Lebenszyklus gerechnet im Vergleich zu einem Benziner ein?

a) Rund 40 bis 80 Prozent
b) 100 Prozent
c) 95 Prozent

16. Welche Landwirtschaft ist die klimafreundlichste?

a) Viehwirtschaft
b) Vegane Landwirtschaft
c) Landwirtschaft mit reduziertem Viehbestand

17. Welcher Bereich ist im Durchschnitt der größte CO2-Emittent von Privathaushalten

a) Das Fliegen
b) Das Heizen
c) Der Konsum von Kleidung, Möbeln, Elektrogeräten etc.

18. Urlaub: Was ist klimaschädlicher?

a) 1 Woche Urlaub auf Mallorca
b) 1 Woche Kreuzfahrt
c) 1 Woche Skifahren (Anfahrt mit dem Auto)

19. Welches ist das klimaschädlichste Lebensmittel?

a) Fleischersatzprodukte
b) Milch
c) Rindfleisch

20. Welche Aussage stimmt?

a) Weniger tierische Produkte essen ist gut für das Klima
b) Regional einzukaufen bringt nichts
c) Verpackungen emittieren auf das Lebensmittel gerechnet viel Kohlendioxid

21. Biolebensmittel sind in Sachen Klimaschutz ...

a) besser als konventionelle Lebensmittel
b) schlechter als konventionelle Lebensmittel
c) unterschiedlich je nach Lebensmittel und Herkunft

22. Bei Kleidung ist der größte CO2-Posten?

a) Der Transport von Asien nach Europa
b) Der Stromverbrauch von Nähmaschinen
c) Die Produktion: Anbau, Spinnen, Weben und Färben

23. Welche Aussage stimmt?

a) Katzen sind Fleischfresser
b) Hunde sind Fleischfresser
c) Katzen sind Allesfresser und können teils pflanzlich ernährt werden

24. Was verbraucht am meisten Energie?

a) Streamen
b) Googeln
c) Social Media

25. Welche Maßnahme ist besonders klimawirksam?

a) Müll trennen
b) Wenig online bestellen
c) Das Haus dämmen

26. Es ist noch nicht zu spät, weil ...

a) sich die Natur immer von selbst reguliert
b) wir die Klimaziele von etwa 2 Grad noch einhalten können
c) es den Klimawandel nicht gibt

27. Mit Geld kann man ...

a) Klimaschutz unterstützen und damit viel erreichen
b) in Klimafonds investieren, was aber wenig bringt
c) Flüge kompensieren, was aber unverhältnismäßig teuer ist

28. Kinder rund Jugendliche ...

a) müssen besonders klimafreundlich leben, weil sie die Konsequenzen der Erderwärmung noch spüren werden
b) sind moralisch verpflichtet, weil sie einen besonders schädlichen Lebensstil pflegen
c) sollten wie alle anderen auch für das Klima aktiv werden

Quiz-Lösungen

1 b, 2 c, 3 c, 4 b, 5 b, 6 a, 7 a, 8 a, 9 c, 10 c, 11 b, 12 c, 13 a, 14 b, 15 a,
16 c, 17 c, 18 b, 19 c, 20 a, 21 c, 22 c, 23 a, 24 a, 25 c, 26 b, 27 a, 28 c

Zitate

„Macht ihr eure Hausaufgaben, dann machen wir unsere."
Plakatspruch auf einem internationalen Klimastreik 2021 von Fridays for Future

„Es ist schwer, die Welt ehrenamtlich zu retten, wenn andere sie hauptberuflich zerstören."
Eckart von Hirschhausen

„So steigt die Temperatur durch das Dazwischentreten der Atmosphäre, weil die Wärme in Form von Licht ungehindert in die Luft eindringt – aber dann daran gehindert wird, wieder zurückzukehren, nachdem sie in Wärme umgewandelt wurde."
Jean-Baptiste Fourier (1768–1830), französischer Mathematiker und Physiker, der 1824 als Erster den Treibhauseffekt beschrieb

„How dare you?"
Greta Thunberg

„Wer neu anfangen will, soll es sofort tun, denn eine überwundene Schwierigkeit vermeidet hundert neue."
Konfuzius (551–479 v. Chr.), chinesischer Philosoph

„Jeder will zurück zur Natur, aber keiner zu Fuß."
Alois Glück, deutscher Politiker und Journalist